共感と商い

開化堂六代目
八木隆裕

祥伝社

開化堂
茶筒
開化堂

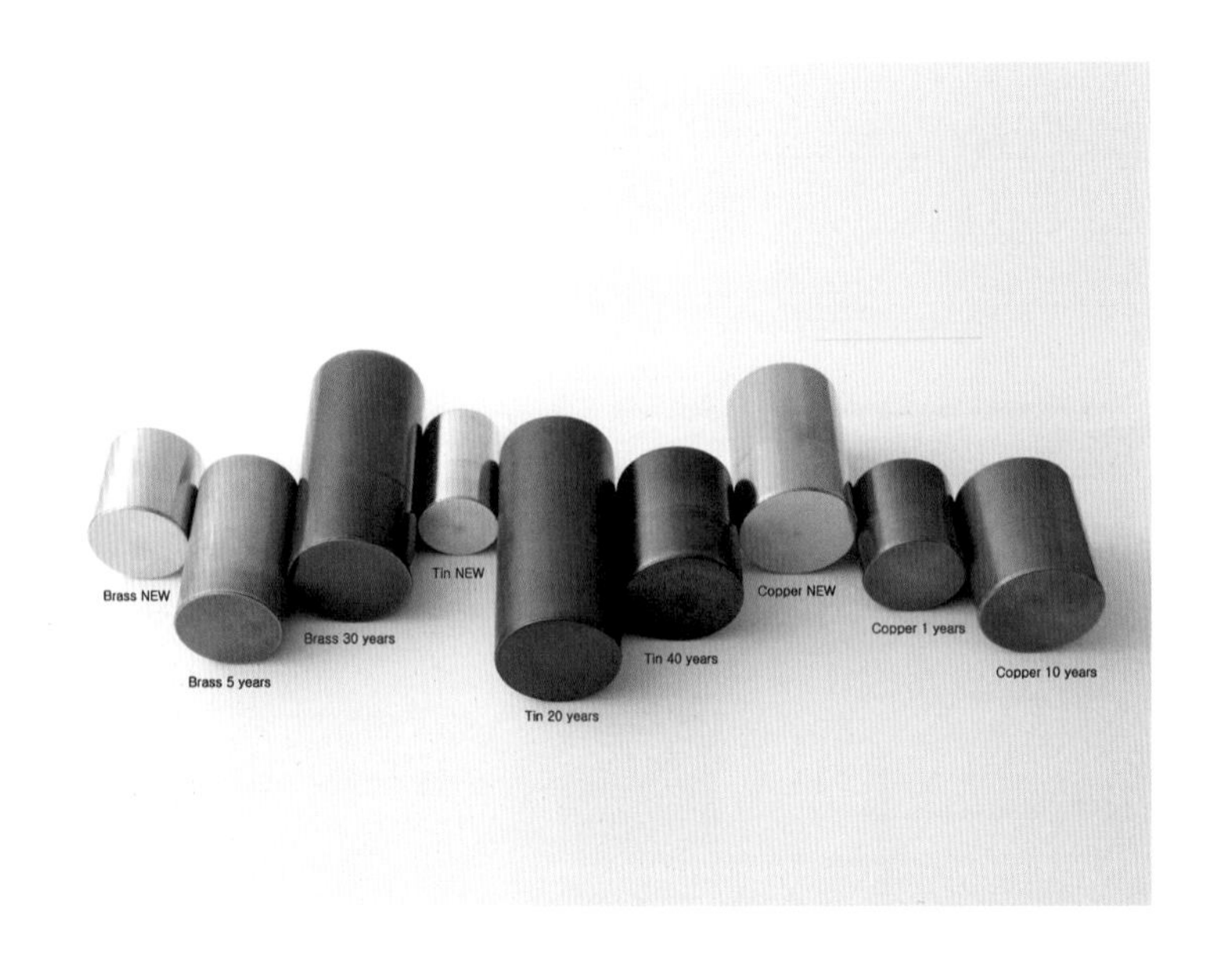

開化堂がつくる茶筒。創業当初は、ブリキ(Tin)から始まりましたが、現在では銅(Copper)、真鍮(しんちゅう)(Brass)も加わって3種の素材でつくられ、年月の経過による色味や風合いの変化を楽しむこともできます

開化堂の茶筒の特徴は、蓋を開けるときの空気を持つような感触や、閉めるときのスーッとひとりでに蓋が落ちていく気持ちのいい感覚です。ぜひ味わってみてください

近年は、少しサイズを変えた茶筒のバリエーション（P4上）や、ティーポット・ウォーターピッチャー・一輪挿し・宝箱（P4下）のほか、お菓子・珈琲（コーヒー）・パスタ・ナッツ用の缶、「響筒（きょうづつ）」（蓋を開けた瞬間に音が広がるスピーカーで、パナソニックさんと共創）（P5）など、守りながら変わる工夫を続けています

130以上ある工程を経て、創業当時と変わらずにつくられる開化堂の茶筒。150年変わらない開化堂の営みです

海外で最初に開化堂の茶筒を販売くださったポストカード・ティーズさん（上）。
開化堂の茶筒をパーマネントコレクション（永久展示品）に収蔵くださったヴィクトリア＆アルバートミュージアムのルパートさん（下）。
私たちの商いは、働いてくれる職人、国内外で大事に販売くださる方々、購入くださる方々と、家族のような関係性が醸成されていることで、成立することができています

京都の河原町通（かわらまちどおり）沿いにある「Kaikado Café」。このカフェは訪ねてくださったみなさまを親しくお迎えするような「開化堂の応接間」でありたい、という思いのもと、オープンさせていただきました

共感と商い

開化堂六代目　八木隆裕　著

はじめに

疲弊なく自然体で、仕事も個人も営みを続けていくために

はじめまして。

京都で「開化堂」という茶筒工房の六代目をしている八木隆裕と申します。

私たち開化堂は、１８７５（明治８）年にブリキの茶筒づくりから始まりました。

茶筒というのは、日本茶の茶葉が入っている円筒形の容器。しっかりと密閉されることで、茶葉の香りを逃がさず、湿気からも守ってくれるもので、私たちのつくるものは装飾もほぼなく、磨き上げた金属の光沢やツヤがそのままに表れている代物（しろもの）です。

この茶筒を、１５０年近い年月の間、激しい時代の変化の中でも変わらずに、１３０以上の工程を経て素材を切り出し、加工し、磨き上げて、一つのモノとして手づくりで仕上げていく――。

私たちは、そんなことを生業（なりわい）にしてきました。

その結果、ありがたいことに、昨今、開化堂はたくさんの方から注目をいただけるようになりました。その中には、私たちの茶筒そのものへの関心だけでなく、

「150年前と変わらないモノづくりが、現代でもうまく続いている秘訣（ひけつ）は何ですか？」

「ティーバッグ等の普及で茶筒がない家も多い中、なぜ今、話題になってきたのですか？」

「海外でも売れていると聞いたのですが、どうやって売れるようになりましたか？」

「どうすることで、開化堂を推してくれるコアな人たちが生まれたのですか？」

というように、私たちの商いやその背景まで含めて、興味を持ってくださる方からお声をいただくことも増えてきました。

そこで、今回、私たちが日々大切にしていること、積み重ねていることを僕なりに文章にしてみることで、なぜ開化堂が時代の波や経済効率などに流されずに、長く続く商いを営むことができているのか、働き方や在り方について何かみなさんのお役に立てることをご提示できればと思います。

150年変わらずに茶筒をつくり、商う仕事

では、働き方や在り方について触れていく前に、まず開化堂とはどういった商いをしてきたところなのか、もう少し紹介をさせてください。

私たちの茶筒は、今では銅と真鍮(しんちゅう)のものもありますが、もともとはブリキから始まりました。これは文明開化を経て、鉄を錫(すず)でメッキして錆(さ)びにくくしたブリキという新素材が、イギリスから日本に伝わったことがきっかけです。

軽くて腐食にも強かったことから、当時陶器でつくられていた茶壺(ちゃつぼ)や錫の刳(く)り物(小刀やノミを用い、刳り抜いてつくった器具)の代わりに、ブリキで茶葉の入れ物を製作すれば理想的ではないかと、開化堂の初代であった山本清輔は考えました。

こうしてつくられたブリキの茶筒は、酸化しやすいきな粉を使った現代のテストでも、3カ月の間、プラスチックの保存袋と遜色(そんしょく)ない保存状態の数値を記録する気密性を持ち、

まだ冷蔵庫のなかった時代に、初夏に摘み取った茶葉の風味や品質を維持することに貢献します。

加えて、蓋を開ける瞬間の空気を持つような感触や、閉めるときにひとりでにスーッと蓋が落ちていく特徴も相まって、お茶を愛し、新しいものを受け入れる京都の人々に、よいモノとして受け入れられていったのです。

やがて、初代がつくり上げた商品は、数多くのお茶屋さんからの注文を受けて、京都だけでなく西日本一帯へと広がっていきました。

そして初代が茶筒づくりをやめることになった際、僕の先祖である二代目の音吉が「お前は手がええさかい」ということで茶筒づくりを引き継がせていただくことになります。

これが私たちの営む、現在の開化堂の始まりです。

その後、八木家で最も腕の立つ職人だったというこの音吉の時代を経て、三代目の彦次郎は第二次世界大戦時に金属類回収令が出される中でも、道具を田舎に預けて土に埋め、なんとか茶筒づくりの技術を守ることに腐心。

四代目の祖父・正一は、戦後の高度成長期に台頭した大量生産の安価な茶筒に負けずに、昔ながらの手づくりの製法を続けてブリキ以外にも銅の茶筒を生み出し、五代目の父・聖二はお茶屋さんなどの会社相手だけでなく個人への販売も始め、携帯用や真鍮の茶筒も新たにつくっていきました。

このように、同じ技術を継承しながら、時代に合わせてわずかに変化しつつも流されずに仕事のやり方を模索し、小さい所帯ながらも努力を続けて生き残ってきたのが、私たち開化堂の歩みです。

世代を超えた視点に立つこと

こうして約150年、商いを続けてきた私たちですが、創業時と変わらない130以上の工程、素材でずっと茶筒をつくり続けてきた中で、今も昔と変わらず修理の依頼が常に入ります。

その結果、現在では、100年以上前に開化堂の先代たちがつくり、ご家庭で代々大切に使ってくださった茶筒の修理依頼が入ることも少なくありません。

つくり方や素材が変わらないからこそ、私たちはその依頼を受けることができるわけですが、これは同時に、今日購入された茶筒が１００年先に修理に持ち込まれる可能性があることも意味しています。

そして、その未来の依頼に応えるためにも、やはり私たちはこれまでつないできた茶筒づくりを大切にして、望んでくれる人のために１００年後も同じことを続けていたい。

つまるところ、この「お客様のために、長く、相変わらずに、商いを続けること」が私たち開化堂の理念なのです。

おそらく、短期的に今日、明日の売上や効率を見るのであれば、１００年前と同じやり方でモノづくりを続けていくのは、ＮＯということになるでしょう。

ただ、今日、明日だけを見て、機械で大量生産された茶筒が広まった時代に、私たちも手づくりを捨てて機械製に切り替えていたら、開化堂は確実に残っていなかったはずです。

実際、海外において、たとえば伝統を大切にするモノづくりの国だったイギリスは、現在モノを外国から買う国になり、僕もイギリスに出張すると「お前たちは、こういう技術をきちんと大事にしなさいよ」と言われるようになりました。

また、イタリアにおいても、M&Aによって技術を持つ工房が大きな会社に軒並み吸収され、採算性に合わない特殊な技術がどんどん切られた結果、イタリアの職人さんたちから「途切れてしまった技術を日本の職人さんたちは持っているからうらやましい。教えてほしい」と言われることも増えてきているといいます。

つくる数を追い、売上を追い、時代についていくことを求めすぎた結果、特殊な技術や自分たちが纏(まと)ってきた唯一無二の空気感を失い、失ってからその大切さに気づき始めているのが、現在の世界なのかもしれません。

だからこそ、お金や効率がまったく重要ではないとは言いませんが、そこばかりを称賛して評価する社会、ビジネス観というものに、一石を投じたいとも感じています。

もちろん、私たちも最近では、冒頭の口絵の説明にある通り、パスタ缶、珈琲(コーヒー)缶、お菓子缶やティーポット、ウォーターピッチャーや一輪挿しなど用途の違うものをつくったり、いろいろな企業やアーティストの方々とコラボをしたり、カフェを立ち上げたりと、新しいチャレンジをしていますが、それは根幹となる開化堂のブレない軸があってこそ、です。

自分たちにとって、何が変えてはいけない根や幹の部分で、何が少し変えてみてもよい枝葉の部分なのか。

この案配は、私たちのような工芸だからではなく、これから長く続けていこうと思う会社であり、組織であり、商いにおいても、とても大切なことだと感じます。

この点についても、本編で私たちなりの考え方や在り方をお伝えできればと思います。

社会が変わっても、人には変わらないものがある

めまぐるしい時代の変化の中で、私たちのように150年前と変わらない営みを続けていくことは、退屈でつまらないことだと感じる方もいるかもしれません。

しかし、見方を変えてみると、時代の変化を後追いして疲弊（ひへい）するのではなく、どんな風が吹いても揺るがず、開化堂らしさを失わずに社会の中で存続していけることは、僕自身、とても理想的なことのように今は感じます。

事実、変わらずに同じ茶筒をつくり続けてきたことで、私たちへの信頼が生まれ、その

ことが開化堂の存在感を高めてくれているようにも思うのです。

とはいえ、根幹を変えないことを選択しながら、それでいて存続していくというのは、容易なことではありません。

まして、私たちの提供する品物は、価値を感じていただけなければ、すぐに大量生産された安価な製品で代替されてしまうものでもあります。

ですから、まずお客様に「なぜ、機械製の安価な茶筒もたくさんある中で、あえて開化堂の茶筒を使っていただくとよいのか」について、つくり手の思いや茶筒の魅力が真に伝わらなくてはいけません。

また、そのためには、使ってくださる方に開化堂の思いを丁寧に伝えていただけるよう、百貨店さんやセレクトショップの方々、海外のバイヤーさん等々、茶筒を販売くださる方々との間で互いに信頼し合える間柄を築けている必要もあります。

そして、それだけの思いや世界観が伝わる茶筒にするためには、やはり開化堂で働いてくれる職人たちと、理念や哲学の通じ合う関係性でなくてはならないとも思います。

今では、開化堂には世界中で「家族」とも呼べるような付き合いの方々がたくさんできましたが、こうしたつながりを育(はぐく)んでこられたことこそが、時代の変化にも揺るがない私たちの商いの源なのです。

パッと見ただけでは伝わりきらない魅力や思いを伝え、それが人の手や口を借りながら広がっていくには、型通りのマーケティングやブランディングでは限界があります。むしろ、昨今はお客様側も詳しいですから、見慣れた販促のパターンには作為を嗅(か)ぎ取られて、逆効果になってしまうこともあるでしょう。

ですから、策を弄(ろう)するのではなく、実直に手間と真心をかけること。

それによって、開化堂の思いを一緒に背負ってくださる売り手さんが生まれ、開化堂の思いに共鳴して購入してくださるお客様が生まれ……と、つくり手側だけでなく、同じ価値観を共有する家族のような方々がいろいろなところで増えていく――。

そんな「共感」のある心の交流こそが、最終的には私たちを支えてくださる基盤となるのです。

そして、そんな家族のような方々のために、私たちはいつまでも修理に応じられるような、長く続く存在になっていく必要がある。

あらゆるものが効率化される時代にあっても、つながりや思いを求める人間本来の在り様は変わらないからこそ、この「家族」の意識についても本編でお伝えしたいと思います。

小さく、急がず、人間らしく

昭和・平成と、個人の能力であれ仕事であれ、どんどん成長して拡大し、次々に利益を出すものがよしとされてきたかと思います。多くの人や会社にとっても、それが当たり前だと感じてこられたことでしょう。

しかし、今の日本では、縦への成長が簡単には望めなくなり、人の心も安らぎや癒しを求めるようになりました。多様性や持続可能であることが叫ばれるようになった現代の社会では、以前までのモデルだけでは少ししんどくなりつつあるのかもしれません。

だからこそ、儲けることや大きくなることを一番にするのではなく、むしろ変わらないことを尊び、家族のような誰かのことを一番に思ってモノづくりをし、その同じような作業を極めていくことに価値を見出す。

お金を介した交流は、その結果として生まれていく。

そんな、150年経っても自分たちの「らしさ」を大事にし、長く続く商いをしていく、というやり方を選ぶことも、ありなのではないでしょうか?

急激に成長し、急激に収益を刈り取り、あっという間になくなってしまう品物や会社も少なくない昨今だからこそ、私たちの営みを通じて、小さく、急がず、人間らしく、長期的に繁栄するモデルをお伝えしていくことができればと思います。


とはいえ、「それは工芸という、特殊な世界にいるから可能なのではないか?」と思われる方もいるでしょう。

実際、そういう面もあるのかもしれません。

でも、私たちも、最初から歴史ある工芸の担い手だったわけではありません。

「文明開化」からとって名づけられ、ブリキという舶来の新素材で商いを始めた開化堂は、それこそ明治の頃はベンチャーでした。

どんな企業でも、工房でも、個人でも、無名で伝統のない時代を積み重ねて、今があります。すべては小さな一歩を重ねることから始まるのです。

ですから、この本の中では、古くからある工芸だからということではなく、中小企業、個人で事業を起こした方、ベンチャー企業の方、大企業でも20人規模程度の部署や関係者をまとめる方にとって、何かお役に立てるような汎用性（はんようせい）のある話をできればと思っています。

本書で伝えたいこと

本書は、第1章で、茶葉を入れる容器としてお茶屋さんに茶筒を卸（おろ）していた私たちが、茶筒を主役として自分たちで商いをしていくにあたり、自分たちは何者なのか、開化堂の「らしさ」について見極めていく過程を、まずお話しします。

また、第2章では、その「らしさ」をどのようにして働いてくれる人たちにも腹落ちしてもらうのか。さらには、働いてくれる人たち自身からも開化堂の「らしさ」を徐々に出してもらうためには、どうしたらいいのか。

「家族」的な関係をキーワードに、組織内でのコミュニケーションについて、普段僕が行なっている地道な取り組みについて述べていきます。

それを受けて第3章では、その「家族」のような輪を、国内の売り手さんや海外のバイヤーさんにも広げていくにはどうすればよいのか。

世界中に本気で私たちに共感・共鳴してくださる仲間がいて、その方々が丁寧に私たちの理念をお客様に伝えてくだされば、これほど心強いことはありません。

そのために、思いを込めてきたポイントについて、記しました。

加えて、第4章では、長く茶筒の商いを支えてくださる「推してくれる人」たちは、どのように増えていったのか、お客様との間での仲間の輪についても、掘り下げています。

開化堂の海外での歩みについては、特に第3章、第4章を読んでみてください。

そして最後の第5章では、この「はじめに」の中でも触れた通り、「変わらない」ということの意味、チャレンジとして変えてもよいこと、守らなくてはいけないことについてお伝えします。

いわば、第1章で自らの価値を見つめ直し
→第2章でその価値を働いてくれる人にも真の意味で得心してもらい
→第3章でその価値が表現された商品を、私たちと一緒にお客様に届けてくださる売り手さんとの関係を育み
→第4章で一度きりの購入ではなく、「推してくれる人」にまでなっていただけるための間柄をお客様と築き
→第5章で長く続けていくための守り方・変え方を見極める
という内容です。

このステップを少しずつ積み重ねていくことが、大事なことだと思います。

なお、僕自身の考え方を述べさせていただく場面も多く、話が開化堂の歩んできた時系列では進まない部分もたくさんありますので、この「はじめに」のあとには、開化堂の略年表も載せさせていただきました。

合わせてご覧いただきながら、読み進めてみてください。

この本は、一般的なビジネス書とは少し趣（おもむき）が異なるかもしれません。

ですが、世の中には、現在の一般的な常識とはある種異なったやり方や、成果だけではない働く喜びの世界も存在しています。

私たちもそうですが、いろいろな人たちに応援をいただきながら、つながりで心を満たし、一途に茶筒をつくり続けていくことでも、世界に広がり、息長く、光っていくこともできるのです。

そのことを、この本を通して、読者のみなさまにも知っていただくことができれば、著者としてうれしい限りです。

開化堂六代目　八木　隆裕

開化堂の略年表

1875（明治8）年	山本清輔によって創業。イギリスから輸入された新素材のブリキを使い、手づくりによって、茶筒の製作を始める
1935（昭和10）年	初代の山本清輔が茶筒づくりから離れるのに伴い、腕の立つ職人だった八木音吉が二代目として開化堂を引き継ぐ
1943（昭和18）年	三代目の八木彦次郎が後を継ぐ。彦次郎の時代に、第二次世界大戦に直面し、金属類回収令が出される中で、道具を地中に埋め、茶筒づくりの技術を守った
1967（昭和42）年	四代目の八木正一が後を継ぐ。戦後の高度成長期に安価な茶筒が台頭する中で、昔ながらの茶筒づくりを続け、京都だけでなく西日本のお茶屋さんを相手に行商して回る。手づくりで質の高い茶筒の評判は広まり、皇室献上品にもなるが、機械製こそがよいモノだとする当時の風潮もあり、徐々に商いは厳しくなっていく
1994（平成6）年	五代目の八木聖二が後を継ぐ。行商が難しくなる中で、取引先を大口のお茶屋さんに絞り、手づくりでありながら、量をつくることにシフトしていく。しかし、バブルの崩壊に伴ってギフト需要も激減し、大口のお

	茶屋さんからの注文打ち切りにもあって、自分の代で開化堂を畳むことを考えるに至る
1997（平成9）年	父・聖二から会社員になることを勧められ、本書の著者でのちの六代目の隆裕は海外からの観光客に免税で土産物を販売する会社に就職する
2000（平成12）年	勤め先の免税店に置かせてもらった開化堂の茶筒が、海外の観光客から「茶筒」としてではなく、「よいモノ」として購入されていくのを見て、海外での可能性を感じ、隆裕は父・聖二を説得して開化堂に入る
2003（平成15）年	ユナイテッドアローズさんなどのお店で、開化堂の茶筒の缶を取り扱っていただくようになり、そこから国内での取材のお声がけをいただくことが増える
2005（平成17）年	ロンドンの紅茶屋であるポストカード・ティーズさんから自分の店で茶筒を販売したいという依頼を受け、初の海外進出と実演販売を行ない、上々のスタートを切る。また、このポストカード・ティーズさんでの販売を続けるうちに、イギリスで少しずつ知られていくにようになる。一方、直後のフランスでの出張販売において、まったく売れない経験をし、海外での伝え方、売ってくださる方との関係の築き方の大事さを痛感する

2009(平成21)年

イタリア・ミラノで開催される国際家具見本市の「ミラノサローネ」やフランス・パリで開催される世界最高峰のインテリア・デザイン関連見本市「メゾン・エ・オブジェ」に出展を始め、海外メディアを通じて、徐々にヨーロッパでの知名度を得る。また、毎年欠かさずに海外での実演販売を行なってきたことで、海外で売ってくださる方々から信頼をいただけるようになる。

なお、この年、茶筒のほかに珈琲缶の製作・販売を開始し、その後も、パスタ缶、お菓子缶、ナッツ缶、柄物の缶、ティーポット、ウォーターピッチャー、一輪挿し、銘々皿など、年々ラインナップが広がっていく

2011(平成23)年

ヨーロッパの展示会で知られていくに伴って、イギリス、フランス、イタリア以外にも、アメリカ、スイス、台湾、中国、シンガポールなど、数多くの海外のお店からお声がけをいただけるようになり、商いをスタートする

2012(平成24)年

工芸に携わる6者（西陣織老舗「細尾」の細尾真孝さん、創作竹芸品老舗「公長齋小菅」の小菅達之さん、伝統的な木桶の製技法で木製品をつくる「中川木工芸」の中川周士さん、伝統工芸・京金網の技術で商品を製作する「金網つじ」の辻徹さん、400年続く宇治の茶陶「朝日焼」の松林豊斎さん、開化堂の八木隆裕）が集まり、「職人が憧れの存在になる世界をつくろう」という趣旨で「GO ON」プロジェクトを発足する

2014（平成26）年	開化堂の茶筒が、イギリスのヴィクトリア&アルバートミュージアムという工芸やデザインの分野で世界の三本の指に入るような国立博物館において、パーマネントコレクション（永久展示品）に収蔵される評価を受ける
2015（平成27）年	パリ装飾美術館、デザインミュージアムデンマーク等のパーマネントコレクション（永久展示品）として収蔵される評価を受ける
2016（平成28）年	「ミラノサローネ」において、中川木工芸の中川周士さんと「SHOKUNIN」展を開催。職人の中にある「工芸性」や、職人たちが代を重ねて引き継いできたもの、それを超えて伝承されてきたものなどの軌跡を世界に伝える。 また、開化堂をもっと身近に感じてほしいという思いから、京都の河原町七条に「Kaikado Café」をオープンする
2017（平成29）年	開化堂の六代目として八木隆裕が後を継ぐ。海外での評判を受けて、逆輸入されるような形で、日本国内でも開化堂のプロダクトへの問い合わせが増える
2019（令和元）年	蓋の開閉が音のON・OFFと連動し、蓋を持ち上げると徐々に音が鳴り始め、掌に伝わる振動とともに「音を感じて聴く」という新しい音楽体験をもたらすワイヤレススピーカー「響筒」を、パナソニックさんと共創する

目次

はじめに

第1章

自分たちの価値を見直し、見極めていく

第2章

働いてくれる人を「家族」のように育んでいく

第3章 「家族」の輪を世界中に広げていく

第4章

「推してくれる人」をつくるために必要な伝え方

第5章 長くゆっくりと繁栄していくために

カバー写真　　関愉宇太
ブックデザイン　　西垂水敦・市川さつき（krran）
DTP　　キャップス
企画協力　　ランカクリエイティブパートナーズ
編集協力　　中川賀央

第1章

自分たちの価値を見直し、見極めていく

開化堂が窮地に陥っていたあの頃

「はじめに」で開化堂の在り方や働き方について、その根底の部分をお伝えしましたが、私たちがそういった考えに至るまでには、紆余曲折（うよきょくせつ）がありました。

一時期、「苦境にあえぐ町工場」などとメディアで報じられることがありましたが、そういった工場や工房と同じように、開化堂も存続の危機に陥っていた時期があったのです。

僕の祖父が当主だった戦後から高度成長期の時代、開化堂はお茶屋さんとお付き合いをし、京都や近畿地方以外にも、年に一度、中国・四国地方に出張していました。

各地のお茶屋さんからその年の注文を聞き、その場で昨年分の代金をいただく、という手形を用いた行商の形で茶筒を販売していたのです。

しかし、当時は機械で大量生産された安価な茶筒が、世界中から日本にドーッと入り始めていた頃です。ましてや、機械製のモノこそがよいとされた時代でしたから、時間もお金もかかる手づくりの製品など、次第に誰も見向きもしなくなってしまいます。

そんな茶筒づくりという商売が苦しくなっていく中にあって、古くからお付き合いのある取引先の方は、「お前のとこはええもんをつくっときなさい。うちが買うたるさかい」と助けてくださいました。

もともとお茶というものの始まりが薬だったこともあって、薬屋さんから暖簾（のれん）分けもしてもらい、薬も売りながら手づくりの茶筒をこしらえて、露命（ろめい）をつなぐこととなります。

もちろん、当時機械化も考えたと思いますが、プライドなのか、予算の問題なのか、その両方が原因だったのかもしれません。祖父はなんとか手づくり茶筒の開化堂を守ってくれました。


そんな祖父が守り抜いた開化堂でしたが、父の代になり、日本がバブル景気に沸く頃となると、状況の変化にまた直面します。

それまではとにかく安い茶筒が求められてきましたが、好景気も相まってお茶屋さんは質感のよい茶筒を、ギフト需要などに応じて大量にほしがられるようになったのです。

そこで父は、新たな求めに応じて、量をつくれるようにしていきました。

手形や行商での商いが難しくなっていた中にあって、開化堂は取引先を大手のお茶屋さんに絞ることで製造に注力し、工業製品に太刀打ちする方向に舵を切ったのです。

とはいえ、手づくりの製法をやめたわけではありませんから、スピードとコストに勝る工業製品に負けないためには、その差を職人の努力で賄っていくしかありません。

その頃、つくり手は父、母、祖母、1人の職人さん、お手伝いのパートさんで5人くらいだったと思いますが、1日で仕上げる量は、業界用語で2ハイ。1ハイが260個ですから、520個という膨大な数になります。

それを5人が真夜中までかけて商品を磨き、なんとか翌朝に納品する。それでも、当時、1個当たりの卸値は500円前後でした。

しかも、よそを見れば、大量生産の工場でオートメーション化された機械が、次から次へと均一の製品を流れ作業でつくっているわけです。

ますます機械製は低価格攻勢をかけていましたから、いくらバブルの時代だといっても厳しい戦いを強いられる日々が続いたのでした。

しかし、この職人の努力で張り合えていたのも、バブル期まででした。

バブル崩壊とともにお中元やお歳暮などのギフト需要が減少し、それまで大量に納品を求められた茶筒も必要がなくなっていきます。

そして、ついに、それまで取引させていただいていた三つの大きなお茶屋さんのうち、一つが、「注文をやめる」と言いにこられました。

開化堂の注文の3分の1が一気になくなった瞬間でした。

「哲学」や「空気感」から伝えることへの変化

こうして、私たちは品物をたくさんつくり、大口の取引先に納品するという従来の方法を続けることが難しくなり、それまでB to BがメインだったB商いをB to Cの形へとシフトしていくこととなりました。

お茶屋さんに茶筒の缶を卸すのではなく、「開化堂」としての名前で、百貨店さんや京都の工房併設の店舗で個人のお客様の前に立つことになったのです。

とはいえ、当然ですが、B to Bだったものを B to Cに切り替えたからといって、急に売れるようになるわけではありません。

最初の頃に大阪の百貨店さんの催事に出た際には、1日の売上が2、3個ということがざらで、大阪のおばちゃんには「これ、何?」「何で高いの?」と言われて、「あんた、もっとまけよしな」と言われてしまう始末でした。

それでも、年数をかけて丁寧に開化堂というものを伝えていった結果、状況がようやく好転していきます。

それは、機能だけではない部分まで、見てもらえるようになったからでした。

茶筒というのは、そのものの機能だけでいえば、茶葉を保存する容器です。

しかし、茶筒だけでなく、家電にしても、どんなモノづくりの場合でもそうですが、その機能を述べるだけでは安い商品が出てきたときに、「安いほうでいいじゃん」と価格競争に巻き込まれていくことになります。

ですから、お客様に対して、言葉にできるものも、言葉にならないものも含めて、つくるモノに宿る「哲学」や「らしさ」、「感性」や「空気感」のようなことまで伝えていく。

「長年修業を重ねた職人たちの手で、130以上の工程を丹念に施した結果、開けた瞬間の空気をつかむような感触や、閉めるときのスーッとひとりでに下がっていく気持ちよさが生まれるんです」

「使う人ごとに手の脂（あぶら）の具合が違うので、たとえばお肉好きな人と菜食の人でも年月を経た際の茶筒の色味の変わり方が違います。その人ごとの色味になっていくんですよ」

「100年以上、時代の波を超えて残ってきた技術でつくられた茶筒なので、長年大事に使うことができて、親子で受け継いでいただくこともできます。実際そうやって、長年使われたものをお子さんやお孫さんが修理に持ってこられることも多いんです」

たとえば、出張販売の店頭で茶筒をつくる過程を実演して見てもらいつつ、言葉にできるものとしては右のようなことを一から丁寧に伝えていきました。

すると、興味を持ってちゃんと使ってくださる個人のお客様との関係が生まれていく。

モノを入れる容器に心を配りたい方、長い期間一つのモノを大事に使いたい方、自分が使ってよかったからプレゼントにしたいとおっしゃってくださる方——。

だんだんと開化堂の茶筒に価値を見出してくださる方々が生まれていき、よさを少しずつ感じていただけるような人の輪が広がっていったのです。

「当たり前」を見つめ、価値を問い直す

こうして徐々にB to Cが軌道に乗っていった私たち開化堂でしたが、そうなるまでには、やはり時間がかかりました。

開化堂というものをお客様に伝えていく前提として、「自分たちの価値とは何なのか」、まずそこを改めて見つめて、問い直す必要があったからです。

職人だけでなく、こだわりを持って仕事をしている人というのは、仕事や作業に対して

丁寧にたくさんのエネルギーをかけることは得意ですが、自分が当たり前にやれてしまうことなので、その技術に対する価値を低く見積もってしまう傾向があります。

だから、かつての私たちもそうでしたが、自らに鞭(むち)打って、なるべくたくさんつくって、なるべく安く卸して……という形になって、無理を来(きた)してしまう。

自分で自分のことを安く見ていれば、相手からも安く見られてしまうし、世の中の経済状況が悪化すれば真っ先に切られてしまいます。

窮地(きゅうち)に陥った頃に話を戻すと、大口のお茶屋さんの一つから注文がなくなり、3分の1の仕事がなくなった際には、父は「これは後を継ぐよりもサラリーマンしといたほうがいいさかいに」と僕に言い、父の代で開化堂を終わらすことを考えていました。

実際、僕は父の言葉を受けて、大学卒業後は開化堂に入らずに、海外からいらっしゃる方に京都の伝統工芸品からピンバッチ、真珠のネックレスまでを免税で販売する会社に就職します。

もう手づくりの茶筒は世の中に通用しないかもしれない、と思い込んでいたのです。

しかし、ちょうど会社勤めを始めてから3年ほど経った2000年の頃、その免税販売店で開化堂の茶筒を置かせてもらったときに、発見がありました。

アメリカから大勢の方がこられた際に、パッと茶筒を買われていったのです。

僕自身、かつて18歳でアメリカ旅行をした際、現地の人にお土産(みやげ)で茶筒を渡したところ、素っ気なくすぐに戸棚に置かれてしまった経験があったので、海外の人には茶筒のよさはわかってもらえないのだろうな、と半ば(なか)あきらめていました。

そんないきさつもあったので、疑問に思った僕はその購入された方に尋(たず)ねます。


「それ、日本ではお茶を入れる筒ですけど、何に使うんですか？」

「モノがよさそうだよね。お土産じゃなくて、家のキッチンで使いたいんだ」


アメリカの方ですから、日本茶を入れるつもりではなかったでしょう。

でも、何かを入れる容器として気に入ってもらえた。

手づくり茶筒の需要は難しいと当たり前に思い込んでいた僕でしたが、この件を通じて、開化堂の茶筒は、日々を丁寧に暮らしたいと考える方々に、「丹念に手づくりされたことによるモノのよさ」という価値を再発見されて、これから世界でも売れるのではないか、と考えを改めました。

そして、「茶筒が外国の人相手に売れるわけがないだろう」と一蹴（いっしゅう）する父にはじめてに近いような形で逆らい、「海外に開化堂の製品を売ってみたい」となんとか説得して、25歳で開化堂に戻ったのでした。

時間をかけることで、言葉にならないものを身に纏う

いくら生まれたときから見てきた家業とはいえ、いざ自分が当事者になって開化堂に戻ってみると、そこには想像を超える大変さが待っていました。

何より「この仕事には先がない」と言った父も、息子が職人となれば話は変わります。

職人は、「見て覚えろ」の世界ですから、すべて横で見ながら習得していくよう命じられたのです。

そこからは見よう見まねで作業をしては、「あかん」と言われ、また見て同じ作業をすることの繰り返し。僕はそんな修業を、5年以上、繰り返すことになりました。

ただ、父が僕に職人としての地道な修業をさせ、年月をかけさせたことは、あとになってとても大きな意味があったことを痛感します。

修業をし、「見て覚えろ」によって手で仕事を覚えていく中で、「これは開化堂らしい」「いいモノができた」というような、「らしさ」の感覚が体でつかめてくるようになったのです。

それは、自分から学ぼうとしないで最初から教えられていては、決してわからないものでした。自分から学ばないと、「らしい」ことなんて覚えられなかったのです。

この辺の感覚を言葉で伝えるのは、とても難しいことだと思います。

たしかに技術を教え込めば、器用な人なら、もっと早くブリキの板から茶筒をつくれるようになるかもしれません。

しかし、それでは頭で覚えても、体感として覚えたことにはならない。

これは、有形のモノをつくる人だけでなく、無形のモノをつくる人でも同じです。

開化堂でいえば、ただつくれるだけでは、150年をかけて蓄積してきたモノづくりの在り方のような言外のニュアンスが、体得できてはいないのです。

短期間商売をして、短期間で売り抜けるタイプのビジネスを考えるのであれば、昨今の「修業不要論」でもいいのかもしれません。

でも、長く続く商いを目指すのであれば、やはり有形無形を問わず、商品の質に立ち返らなくてはなりません。

付け焼き刃でつくられたモノに、表面的にカッコいいマーケティングの演出をつけても、使ったお客様はちゃんとモノの質を見抜きますから、直に廃れていってしまうのです。

ですから、自分たちのモノづくりとは何なのかを吟味し、内面からにじみ出るような美しさが備わるように、丁寧に質の高いモノをつくっていく。

そのためにも、自分たちのアイデンティティーを、そこで働く人たちが身に纏い、体を使って自分自身に染み込ませていく。

私たちは、職人でありながら店舗にも立つので、父からは「うちは職人と違うで、職商売やで」と言われたものですが、モノをつくり、売る人が「開化堂のにおい」を纏うことで、はじめてお客様に伝わるものがあります。

目には見えないものですが、たしかに感じるものだからこそ、地道に時間をかけて、同じことを繰り返しながら、技術を修得する。

効率ばかりを求めず、そうした時期や過程をしっかり体感覚で経験し、たしかなモノをつくることが、言葉の外で伝わる何かを生み出していけるようになる、意味のあることなのだと感じています。

何か共通項を持つ仲間を鏡にする

自分たちは何者で、どんな「らしさ」や強みを持っているのか。それを知るには、何か共通項を持つ仲間と交わってみることも大切なことだと思います。

そう気づかされたのが、「GO ON」というプロジェクトでした。

　これは、２０１２年から始まり、工芸に携わる6者（西陣織老舗「細尾」の細尾真孝さん、創作竹芸品老舗「公長齋小菅」の小菅達之さん、伝統的な木桶の製技法で木製品をつくる「中川木工芸」の中川周士さん、伝統工芸・京金網の技術で商品を製作する「金網つじ」の辻徹さん、４００年続く宇治の茶陶「朝日焼」の松林豊斎さん、開化堂の八木隆裕）が集まり、「職人が憧れの存在になる世界をつくろう」という趣旨で発足したもの。

　これから何かが起こっていく「Something Going On」という英語の意味と、過去に対する「御恩」という日本語の意味、その両方を持たせながら、未来と過去をつないでいくことを目的とした試みです。

　ここに集ったのは、長年かけて技術を極めてきた会社や工房の後継者ばかりでした。傍から見れば、それを生かせばいいと思われるかもしれません。

　しかし、近年も長く続いた会社が経営悪化や後継者不在で閉業することがあるように、当事者としては古くからあることだけで商いを続けていけるほど甘いものでもありません。

　開化堂を含め、「GO ON」の仲間たちも、当初は自身の「強み」とは何なのか、伝統というもの以外には何があるのか、理解しきれていませんでした。

ですから、取材などの際には、この分野は相手を立てよう、ここは自分の強みだ、ということでなく、周りより自分が目立とうとするほうが先にくる。それぞれ自分の会社や工房を背負ってきている気概もあるので、最初は負けられない気持ちが大きかったのです。

でも、長い時間をともにすれば、次第に相手の強みを探ります。

そして周りと比べるうちに、自分の工房は何が優れているのだろうと考えざるをえなくなり、自分の本当の強みと弱みが見つかってくる。

最初はよく喧嘩（けんか）もしましたが、逆に相手のよいところ、相手がしてくれていることを見られるようになり、相手あっての自分の会社や工房だと気づくようになっていきました。

まさに、周りが鏡の役割となり、自らを見直すよいきっかけとなったわけです。

誰しも何かしら光るものを持っています。ただ、毎日当たり前のようにその個性を発揮しているから、それが他人より抜きん出ていることだと自分では気づけていないだけ。

それはモノづくりかもしれないし、会話力かもしれないし、ファンタジスタのように新たなことをやる創造性かもしれない。でも、まずは自分についてよく知ることから。

一番のストロングポイントの芯（しん）は何なのかということを、よく問いただすことです。

そして、単に同業種ばかりではなく、つくるモノは違っても何か似たような背景や空気感、信念を持つ相手を鏡として、自分の姿を映して見ることも大事なのではないかと思います。

この辺は、中小の家業を継いだような方ほど、特に当てはまることかもしれません。

自分の商いとは何なのか、確固たるものを持って歩いていけるようになるには、自分だけでなく周りを鏡にしながら違いを見つめ、見落としていた小さくてほのかな光に気づくことです。それによって、強みを深く掘り下げることができるのだと思います。

売上を追わずに、つくる上限を決める

このように、いろいろな形、いろいろな機会を通じて、私たちは「開化堂とは何か」を

見極めていくことに、意識を置いていきました。

そうした過程の中で、あとの章で述べるように、国内にも、海外にも、推してくださる方が増えていくに至ったのですが、こういった徐々に数が売れる状況が生まれてきたとき、たくさんつくってもっと売ろう、という考え方もあるかもしれません。

でも、私たちは、足場を固める道を選びました。


というのも、先程の僕が勤めていた免税販売店での話が示すように、用途がわからずとも海外の人たちが茶筒に興味を示してくださったのは、やはり、そこに宿る何かが言葉の壁を越えて、伝わったためだと思うからです。

では、私たちが何を大切にしなければいけないかといえば、その「伝わる何か」の根っこの部分。商品をどう世間に伝えるかを工夫するにも、前提となる商品そのものに力がないと成り立ちませんから、その「クオリティー」をどのように保ち、より高めるか」ということになります。

そこで私たちは、つくる個数に上限を決めることにしました。

自分ができる範囲よりもほんの数パーセントなら、クオリティーが変わらないようにつくっていくことはたぶんできるでしょう。ちょっと努力することで、作業が手になじんで少し早くなり、技術力も上がっていく面もたしかにあります。

しかし、日々働くうちに、それができる範囲での背伸びといえるのか、それとも無理の生じる段階まで達しているのか、いつの間にか見誤ってしまうこともありえます。

ですから、ブレないように、あらかじめ話し合って、先につくる個数を決めることにしたのです。

これは、第2章でお話しする、働いてくれる人に犠牲を強いない「家族」の意識に通じるところでもあり、ビジネスライクに数字ばかりを追うタイプの取引先と距離を取ることにもつながりました。

売上がアップすることは魅力的ですが、そこに目がくらんで本質を損なうのでは、意味がありません。

だから、開化堂では、利益としてはよいお話の依頼であっても、製造可能な範囲を超えていれば、「来年まで待ってくださいますか?」と先送りを提案し、その要望を理解くださる方とお付き合いすることにしています。

加えて、締めの時期に向けて強引に売上を立てようとして無理が生じないように、「会計年度末」や「決算」という尺度で、仕事の結果を区切らないようにもしました。

それが長く続けていくための根幹。

イメージ的には、縦に伸びて上昇・成長しようというのではなく、同じことを丁寧に続けて徐々に横に広がっていくような感覚です。

今の世の中では、オンリーワンなこと、大きいこと、この二つが「すごいね」と言ってもらえることと感じます。

でも、実は「長く続いていること」にも、同様の価値があると思うのです。

野球でたとえると、豪速球を投げて最多勝を獲得するけれども故障して3年で終わってしまうのではなく、ちゃんと投球数を決めて10年、20年かけて着実に勝ち星を積み重ねていくことを理想にする。

商いにおいても、そんな考え方があっていいと思いますし、長く持続することに価値を置かれる企業や個人の方が増えるとうれしいなと思っています。

「物柄よきもの」を目指す

つくる上限を決め、「クオリティーを保つ、高めていく」と一口に言っても、その「クオリティー」とは、どこを目指せばよいか、なかなか難しいものがあります。
そんなとき、僕が大事にしているのが、「物柄」という意識です。

「古めかしきやうにて、いたくことごとしからず、費えもなくて、物柄のよきがよきなり」

この言葉は、兼好法師が著した『徒然草』に登場するもので、「古くからの伝統が備わっていて、華美ではなく、そんなに高価なものでなくてもいいから、ちゃんと物柄のあるものを選びなさい」といった意味です。
ちょうど、人の個性を表すのに「人柄」という言葉がありますが、モノにとってのそれが「物柄」といえるでしょう。

『徒然草』が書かれたのは鎌倉時代の末期といわれますが、その頃から日本人は、華美でも高価でもないけれど、古風や伝統といった言葉で表されるような、そのモノの柄＝「らしさ」が薫る品を愛してきたわけです。

この感覚は、昭和の時代であっても、たとえばソニーのウォークマンのように、「あの製品にはソニーらしさが詰まっている」と感じるようなところに溢れていました。ウォークマンには紛れもなく、ソニーの「物柄」が宿っていたはずです。

ところが、昨今はこの「物柄」に通ずる意識が日本で乏しくなっているように思えます。

それは、人を判断する基準が、往々にして人柄よりも見た目や年収になってしまうように、モノのよしあしに対する基準が表面的なパッケージや金額、性能ばかりに偏ってしまっているからなのかもしれません。

何より、買うお客様の側だけでなく、つくる側がそういった表面的に見えるものばかりを目安にしてしまっていることも大きいでしょう。

気づけば、アップルさんなどの海外企業に、「物柄」を追求するお株を奪われてしまったようにも感じます。

ですから、いま一度、自分たちの「物柄」とは何なのか。

斬新さや、派手さということではなく、自分たちが生み出すべき「物柄よきもの」とはいったい何なのか。

これはつまり、今まで述べてきた、「当たり前を見つめ」、「価値を問い直し」、「策を弄する前に手間暇をかけ」、「丁寧にモノをつくっていく」といったことにも立ち返るわけですが、長く続く商いを目指すには、まずそういう「自分たちは物柄よきものをつくる」という意識からなのだと思います。

「顔が見える範囲」で考える

「物柄よきもの」ということにも通じますが、私たちは茶筒であり、そこから派生したモノをつくるとき、「顔が見える範囲」で考えるようにしています。

これは、茶筒のクオリティーを維持し、つくり手の思いをモノに込めていくためにも重要なことです。

たとえば、工業製品であれば、世の中に大量に商品を出していくことになるので、ターゲットを想定しているとはいっても、顔の見えない大勢に向けてモノづくりをすることになるかと思います。

ターゲットの幅も、何千人、何万人、それ以上……ということになるでしょう。

しかし、私たちの場合は、生産可能な限られた個数を一所懸命に世に出して、愛していただくよりほかありません。

ですから、古くからの取引先の方にしろ、百貨店さんにしろ、海外で販売してくれる家族のような仲間にしろ、「あの人が20個ほしいと言ってくれているから、まずあの人のためにちゃんとつくろう」と考える。

そうすることで、同じモノをつくり続ける中で時折生じてしまうような「これって何のためにつくっているんだろう？」といった迷いもなくなります。

また、BtoCで購入してくださる個人のお客様ということについても、茶筒をつくる際には、「これを誰にお渡しししたいか」「3人だけに渡すとしたら、その最初の3人はどんな人にする?」といったことを考えながらつくるようにしています。

すると、出来上がったモノが本当にそれに見合うものになっているのか、クオリティーをおざなりにしないことにつながりますし、漠然と大勢の人を想定して追ってしまわないことで、開化堂としてのアイデンティティーやつくるモノのラインナップなどにブレが出るのを防ぐこともできます。

大衆に一気には届きませんが、私たちの感性に共鳴してくださる方、開化堂を推してくださる方々のことを考えて、ほしいと思っていただけるモノを確実に届けていく。

そして、その輪が少しずつ広がっていくことで、気づけばたくさんの方に知っていただけることも出てきているのが、私たちの現状です。

最初から不特定多数を目指すようなやり方をしていたら、きっと今のように、どなたかの目に留まったり、人づてに広がったりすることもなかったでしょう。

この章の冒頭で、開化堂が苦しかった時代に古くからの取引先の方が「お前のとこはええもんをつくっときなさい。うちが買うたるさかい」と言ってくださった話をしました。

このことが、茶筒をほしいと言ってくださる方が最後の一人になったとしても、ほしいと思っていただけるクオリティーを維持しなくてはいけない、その人のためにいつまでもつくろうという開化堂の思いとして、現在まで連綿と続いています。

結果、その一人ひとりの顔を見てつくろうとすることが、第4章でお伝えする、開化堂の推しになってくださる方たちが増えてきたことにも、つながっているのだと感じています。

「与えることによって人生をつくる」精神

先程の「顔が見える範囲」で考える――。

それは、私たちが何か新しいモノを最初につくる際の出発点にも関係しています。

一般的に、作家さんあるいはクリエーターさんは、「自分のつくりたい」をもとにして仕事を始めるものだと思います。

しかし、私たちはあくまで職人であって、アーティストではありません。

ですから、特に開化堂の場合は、自分発のベクトルから始まるのではなく、「誰かのつくってほしい」という要望ありきでスタートする。

それが「自分のつくりたい」と合わさることで、モノが生まれていきます。

そして、おそらくこの職人としての商いの始まり方が、いわゆる「企業におけるビジネス」とは異なるのだと感じます。

ビジネスとして事業を考えるとき、そこには「×人従業員がいるから、このぐらい経費がかかり、だから○億円の売上がないと駄目で、去年△億円の売上があったから、今年はいくら売らなきゃいけない」というような話があるかと思います。

その確保しなければならない売上ありきで、「じゃあ何をつくろうか」「マーケティングをどうしようか」「自分たちがつくったものをどうやって売ろうか」といったことになっていくのだと思うのです。

でも、私たちのような職人の場合、親しい人や品物を使ってくださる方から、「こういうモノがほしいんだけど?」と言われて、「ちょっとつくってみようか」となり、そのあとで「どれくらい費用かかった?」と聞かれて、そこでようやく「じゃあ、いくらにしようか」とお金の話が出てくる。

あくまでお金が先ではなく、モノのやり取りの結果として、共通言語として便利なお金を介した交流が最後にある、というイメージなのです。

もちろん、そうはいっても商売ですので、採算を考えなくていいわけではありません。働いてくれる職人や事務の方にお給料を支払わないといけませんから当然です。

ただし、意識のうえでの順序を間違えない。

売ることばかりを見るのではなく、お客様の要望に応え、そのうえで私たちのモノづくりの気持ちも叶えられて、最後に採算が合うことが大事だと思うのです。

「人は得ることによって生計を立て、与えることによって人生をつくる」

右の言葉は、ノーベル文学賞を受賞したことでも知られる、イギリスの元首相ウィンストン・チャーチルが述べたとされ、僕自身、いつも胸に留めているものです。

たしかに、生計を立てるために得ることは欠かせません。しかし、私たちは何のためにモノづくりをするのか。周囲の方々に何を届けられているのか。

少しでも世の中に何かを与えられることによって、企業や組織というもの自体があたかも温もりを持つ人生のような存在となり、自分の中にも、お客様の中にも浸透していく。

開化堂も、そういう存在でありたいと考えています。

「そんなの儲からないでしょう？」と言われれば、その通りです。

大きくは儲かりません。

それでも約150年、得ること・奪うことではなく、届けること・与えることの精神とスタイルがあったので、商いを続けてこられました。

これもたしかな事実だと感じています。

根幹を明確にすることから、すべてが始まる

この章では、開化堂が窮地にあった時代から今に続く過程をお話しする中で、私たちが開化堂というものにどういった価値を見出して変化したのか、私たち自身の理念のようなところまで含めて、お伝えをさせていただきました。

というのも、自分たちの根幹が何なのか、当たり前に感じすぎているけれど価値のあることは何なのか、売上や効率に目が行きがちな陰で見落としているものは何なのか――。

そういったものが明確に固まることではじめて、自らのつくるモノや自分たち自身の魅力をどう伝えればいいのか、その方法が見えてくるからです。

そして、その土台となるものを見極めた結果、僕が行き着いたことが、本質であり、「らしさ」の薫る物柄よきものを意識することであり、不特定多数ではなく目の前に見える人のことを考えてモノづくりをすることでした。

ですから、この本を読んでくださっているみなさんにも、ご自身のお仕事の中で「当たり前だと思い込んでいるけれど、実はとても価値のあることは何なのか」「自分たちの哲学や『らしさ』とは何なのか」「売上と折り合いをつけつつ、どう質を高めていくのか」等、まず根幹となる価値の部分を見定めていただくことを、ぜひお勧めしたいと思います。

そのうえで、次に僕が気にかけていったことが、働いてくれる人たちにも、この会社・工房は何者なのかを腹落ちしてもらうこと。経営者自身が自分たちらしさを理解して身に纏うだけでなく、働いてくれる職人たちにもそれをつかんでもらうことでした。

別の言い方をすれば、「第1章で見極めた価値を、自分の組織内にも浸透させていく」こと。もっと平たく企業的にいえば、「人材育成」ということになるのかもしれません。

でも、僕としては、職人たちにも「家族」のようになってもらうことであり、働くということそのものを「家族」の意識でとらえていくことでした。

とはいえ、「家族」というと、近年はポジティブなものだけではない印象も付随してきています。そこで、誤解のないように、この辺の意識や在り方について、次の章でお伝えをしていくことができればと思います。

第2章

働いてくれる人を「家族」のように育んでいく

独自性は、家族的な環境から生まれる

家族的な経営というと、大半の人が抱くイメージは「古くさい」というものでしょう。発展性がなくて独裁的。ブラックな会社という印象を持たれることも少なくありません。経営者に何かあると屋台骨が揺らいでしまう脆さがあることも事実です。

ところがその半面、現在イタリアでは「家族経営を表彰しよう」という動きが起こっているのをご存じでしょうか？

なんでも世界中の家族経営の会社を対象としているそうなので、開化堂も応募してみようかな……なんて思ったりもしています。

では、どうして家族経営を再評価するような機運が生まれてきているのでしょうか？

そもそも、イタリアには、靴職人からスタートしたフェラガモさんなどのような、成功している家族経営の企業が多くあります。

こうした家族経営の企業が活躍する背景には、社長が「自分の任期をミスなく」という考え方ではなく、自分の後の代のことまで責任を持ち、長期的に考えている点があります。創業からの歴史をしっかり受けとめて継承し、築き上げてきた企業の理念・軸を大事にしながら発展させていくので、独自性豊かなものが生まれやすいこともあるでしょう。

実際、ポルシェなどは、まだ家族経営だった時代に創始者の孫のフェルディナンド・アレクサンダー・ポルシェさんが名車９１１をデザインし、その「ポルシェらしさ」を継承してさまざまなシリーズをつくり続けた結果、現在でも唯一無二の独自性を放っています。

また、日本においてもトヨタなどは、創業者一族出身の豊田章男（とよだあきお）さんが社長に就いたことで、独創性を取り戻した例ともいえるでしょう。

家族経営を廃して社内外から優秀な人をトップに据（す）え、株主に利益をもたらすことばかりが世界中の資本家から正解のように持て囃（はや）されがちですが、家族経営には確実にメリットもあるのです。

大企業が市場を席巻する現在の世界で、小さな家族経営の企業が独立性を維持するのはどんどん難しくなっています。

その結果、「はじめに」でも触れましたが、イギリスやイタリアなどの例のように、小さな家族経営の会社が買収されて、長年かけて培われた特殊技術が採算性に合わないと判断され、失われるケースも増えている。

でも、ここで一つ言いたいのは、そうした特殊な技術のようなものを、短期的な採算性や効率に照らしてカットしていったあと、企業に残るものは何なのか、ということです。

仕組みを構築して誰でもできるようにされたノウハウは便利ですが、そこには「誰でもできる範囲しかノウハウ化されていない」という落とし穴があります。

それこそ職人は「見て覚えろ」の世界ですから、文字にならないような熟練の職人の感性で施していた目立たない工夫や思いやりのひと手間なんてものは、引き継がれずに抜け落ちていく。

そうやって、何かに置き換えてしまえるような技術ばかりになったら、どこの会社のモノでも一緒になってしまいます。

効率化を進めていった先にあるものは画一化であり、あとは価格競争になってしまうだけではないでしょうか。

第1章にも通じますが、人間には「何かうまく言い表せないけれど、そのモノに言外の魅力があって、だからあれがほしい」と、感じ取れる力が備わっているのだと思います。

では、その言い表せない魅力あるクオリティーを生み出すものは、何か――。

少なくとも、開化堂の場合は、そのベースにあるものが、「家族」的なアイデンティティーであり、「見て覚えろ」のような環境や密な時間から生まれてくる創造力・美意識なのだと考えています。

イタリアにおける家族経営を表彰する動きというのも、独自性のある小さな家族経営の会社を守っていこうとするものであり、優秀な家族経営の会社が世界中に残ることで、社会の偏見を取り除けるかもしれないと、考えてのことでもあると思います。

資本主義の世の中で、小規模で職人的な「家」を基盤とした仕事の味わいは見過ごされがちになっていますが、商いという意味でも、働いてくれる人の側からいっても、独自性・責任感のある長期的視点、といったよい面はたくさんあるのです。

ですから、世間的なイメージに負けずに、実践者として感じる実態の部分をこの章でお伝えしたいと思います。

働く仲間が家族同然なのは、むしろ理想的

僕が自分の家族だけでなく、働いてくれる人たちに対しても、家族的な意識を大事にしているのは、おそらく開化堂が「家内制手工業」なところに端（たん）を発していると思います。

家内制手工業とは、つくり手自らが原材料や道具などを調達し、家の中において手作業で商品を生産することですが、どこかの大きな工場で人を大量に雇うのとは違い、自らの家に職人さんを迎え入れる形で行なわれてきました。

ですから、小さい頃から、職人さんたちが我が家の工房に家族のように集まり、ブリキを叩いて茶筒をつくっているのが、僕にとっては当たり前の光景でした。

特に、かつて職人の世界は丁稚奉公（でっちぼうこう）という形で、新人は住み込みから始めることがほとんどでしたから、食事も朝・昼・晩と一緒。

必然的に親方と職人は、親子同然の生活をしていたわけで、「家内制手工業」という以上に、「家族制手工業」という感覚だったのです。

とはいえ、この話を聞いて、なかにはネガティブに感じた人もいるでしょう。プライベートを重んじる現代の感覚からしたら、寝食をともにして、家族同然というのは、ものすごく窮屈な働き方に感じられるかもしれません。

でも、ここで述べたいのは、現代に住み込みをそのまま復活させようというのではなく、経営者と社員という関係性の中で生まれる壁をなるべく取り払い、父親と息子・娘のような感覚に立ち戻ることへの提案です。

負担なく家族のような感覚を抱けるようになれば、何かをいちいち言わなくても互いに意図が伝わり、各々の思いや作業面での得手不得手がよく把握できるようにもなります。

また、企業の「らしさ」のようなもの、「見て覚えろ」のような仕事の中にある言語化されない部分も働いてくれる人に汲み取ってもらいやすくなり、目指すべき価値観をシェアしやすい環境にもなっていきます。

組織としても、阿吽の呼吸で機能していくようになるのです。

もちろん、ただ上から家族的な意識を押しつけたり、ハラスメントのようになったりして、お互いの境界線を越えていくやり方では、うまくいかないでしょう。

そのために、僕は日々の中で、小さな取り組みを一つずつしているのですが、それはこの章内でのちほど述べていきたいと思います。


もとより、家族という意識を持って働くということは、絶対に嫌だという人もいると思うので、誰にでも推奨というわけではありません。

でも、考えてみれば、アメリカのベンチャー企業にしても、学生から始まったようなところは、最初のうちはメンバーがほとんど寝食をともにし、ほぼ家族のような関係で出来上がったところもあるでしょう。

それどころか多くのスタッフが会社から近い場所に住み、家族ぐるみで家に呼び合って生活をしていたりもする。

社員食堂に自分の家族を連れてきて食事をしていたり、プライベートのサークルでも同僚たちと関わっていたりするようなところは、案外多いのです。


そして、このことは「あそこってすごく仲がいいよね」という会社や部署があったとき、何かそこから生まれてくるものがとても面白いものだったりすることにも、つながっていると思います。

価値観が共有されているために、モノづくりで表現される世界観もブレることがない。それでいて「らしさ」の中で少しずつアップデートされたものが生み出されていく。

そういう職場環境であるためにも、家族という意識は、実はかなりポジティブなものだと考えています。

働いてくれる人は、20人までにとどめる

家族的な意識で働く仕事集団にしていきたいと考えるときの取り組みとして、まず気をつけていることは、グループの人数です。

先に述べてしまうと、僕は開化堂で働いてくれる人の数は、20人以上にしないことを決めています。

というのも、隅々まで目が届く範囲より人数を広げると、組織は一気に家族ではなく他人になってしまい、「らしさ」や肌感覚のような部分が伝わらなくなってしまうからです。

開化堂では、毎日朝礼をして、それぞれが今日どんな作業をしていくのかを述べ、「それをやるなら、××と△△を一緒にやって〜」とか、「これって大丈夫？　この部品大丈夫？」「ちゃんとつくれてる？」なんてことをみんなで一緒に共有していくのですが、これが50人、60人と増えていくと、一遍にみんなで話し合うことができなくなります。

すると、工房内の意識や空気感がバラバラになってきてしまう。

これは、開化堂の茶筒づくりが１人では完結せず、職人たちが１３０超の工程を各持ち場で請け負うことで一つのモノができることにも関係していますが、20人が集まって１人の人間になるかのように意識がまとまらないと、最終的によい仕上がりにならないのです。

また、人数が増えたときのデメリットとしては、肌感覚の部分で意思疎通ができなくなる分、いろいろなルールをつくる必要が発生することにもあります。

でも、ルールで組織をガチガチに縛ると、余白がなくなり、面白い新しいものが生まれなくなっていく。それにドライになるので、「所詮、仕事上の関係」という割り切りが強まり、互いの関係性を閉ざしがちになって、どうしても閉塞感のある職場になってくる。

暗黙の了解のような形でつながれる家族的な組織ではなく、会社然とした組織であるほど、このあたりの居心地の悪さや緊張感のある働き方になってしまうように思うのです。


だから、いくら売上が上がろうとも規模は大きくせずに、家族の意識でフォローアップがちゃんとできる20人までにとどめる。

もちろん、家族だからといって、性格の合う、合わないは必ずあります。

ただ、そこは本当の親子関係や結婚生活にしたって同じことです。

「クソー！」と思ったり、喧嘩したりすることもあるでしょうが、相手を他人だと思えば許せないことでも、家族だったら「しゃーないな」と許す部分がありますよね。

その許し合えるような感覚が、大事だと思うのです。

そもそも100％合う人が20人もいることは、どんな企業においてもありえないことでしょう。ですから、その中でお互いに、よいところと悪いところがあるということを理解したうえで、「家族みたいなもんだから、しゃーないな」と思える関係を構築していく。

それによって連帯感が生まれ、時間軸で考えたときにも、人が長く働いてくれるような、次の時代に続いていく商いの土台となっていくのです。

個人主義が広がっても、結局人は分離していると寂しさや孤独を感じるものですし、温かさやつながりを求める気持ちは社会的な生き物として、消えないものでしょう。

だからこそ、「普段、一緒にいる人々が、結果的に自分の親しい人である」「同じ環境で働く人が、ちゃんと自分のことを見てくれている」という状態は、すごくよいことだと思うのです。

大きな会社組織においても、全体の人数という意味では何百、何千、何万といると思いますが、それだけいれば、ほとんどの人は同じ社内でも他人になってしまうので、「らしさ」を出すことの難易度は上がっていきます。

また、組織の機能的な働きという面では、部・課・係といった階層ごとに段々と小規模なグループにしているところも多いと思いますが、意思疎通の問題や上層部の考えが理解できないなど、細分化しすぎることも意識の擦り合わせが難しくなる原因に感じます。

ですから、組織の階層はできるだけフラットにして、規模も家族的に価値観を共有しやすい範囲にとどめることが、僕としてはいい形ではないかと考えています。

採用は、能力ではなく、素直さで

働いてくれる人を20人以内にすることを決めたとしても、開化堂という家族のようなチームをつくる大前提としてまだ問題があります。

それは、そもそもどんな人に働いてもらうか、という点です。

ありがたいことに、職人の仕事は決して年収1000万円、2000万円といったお給料のいい仕事ではないにもかかわらず、最近は1人の採用枠に対して20人以上の応募がくるほど、開化堂で働くことを希望してくれる若い方が増えました。

ただ、開化堂の茶筒に興味を持ってもらえたとしても、外から商品だけを見ているのと、中に入って働き方がマッチするのとでは、当然ながら違うものがあります。

特に、私たちとしては、家族的な意識を大切にしていて、長年一緒に働いてくれることで本当の家族のような関係になり、開化堂らしさを体現してもらえることを望んでいるので、同じような仕事観を共有できる人がきてくれると、すべてがスムーズに運びます。

ちょうど、グーグルさんが新人を採用する際の基準は「グーグルらしさ」を持っているかだそうなのですが、規模感や事業内容はまったく違くても、つまりは「開化堂らしさ」を持っていたり、理解してもらえたりする人なのかどうか、なのかなと思っています。

ですから、採用前の最初の段階で、

「うちはアーティストではなく職人だから、まずは自分のオリジナリティーを発揮してもらうのではなく、明治時代から続く茶筒づくりを何年も修業してもらう、ベルトコンベアの一部として働くような大変な場所だよ」

「でも、2、3年で辞められてしまうと、教えていることすべてが水の泡になっちゃうから、ごめん、できればそこは考えてほしい」

「高収入を望むならうちじゃないけど、黙々と同じことに打ち込める安定と心の穏やかさはあるよ」

「そのうえで、長いこと居てくれるんだったら、うちにきてくれたらうれしいな」

というように、マイナスファクターやこちらの正直な気持ちも含めて隠さずに伝えたうえで、それでも働きたいと賛同してくれる人に働いてもらえるようにしています。

とはいえ、面接というのは、多かれ少なかれ、みんな自分をよく見せようと偽って臨む部分もあるでしょう。

入社試験の際に「この会社は本命ではないですが、第一希望の会社に落ちたら困るので、最悪滑り止めに、と思って応募しました」などと言えるわけがありません。

ですから、そこまで興味がなくても、「御社の社風に共感しまして……」と、取り繕う言葉を面接で述べることは、採用するこちら側も理解し、許容しておく。

そのうえで、究極的には「みんな少なからず嘘はつくだろうけど、どの子の嘘ならしゃーないなと許せそうかな……」と考えていたりします。

考えてみれば、家族のような関係なら嘘をつかないかといえば、そうでもないですよね。

親しい間柄でも、私たちはお互いに１００％開けっ広げにして人付き合いをしているわけではありません。

それでも信頼関係を長く維持できるのは、家族であれば嘘をついたとしても根っこの部分では相手のことを思い合っている、と相互に理解してつながれているからだと思います。

このつながりの感覚を仕事仲間との間で築きたい。

それが、何十年、何百年と長く続く商いをつくる基盤となっていくわけです。


こうした考え方のもとで、やはりどんな人に私たちの仲間に入ってもらいたいかといえば、頭がよくないとダメなわけではないし、特別な技術を持っている必要もありません。

職人の工房ではありますが、手先が不器用な人でもＯＫですし、工作が不得意であろうと、何かをつくった経験のない人であろうと、まったく構いません。

ただ、「素直な性格である」こと。そして、かわいげのある範囲での悪意のない嘘はあったとしても、根本的に人を騙(だま)したり欺(あざむ)いたりするようなことはしない人。

この条件さえ満たしていれば、徐々に開化堂らしさも自分のものとしてくれるし、修業期間にもどんどん新しい知識を吸収して伸びていきます。

そんな人であれば、どんな人間とでも信頼し合って仕事をしていくことができるし、家族という感覚をベースにしながら、職場の人とも、関係先の人とも、お客様とも、調和していけるのだと思います。

日常の中で、とにかく共有を繰り返す

どんな人に働いてもらうのかが定まったところで、その人たちを放っておいて勝手に家族的な関係になってくれるのを待っても、無理というものでしょう。

ですから、今度は働いてくれる人との間に、また働いてくれる人同士の間に、いかにして家族的な関係をつくっていくか、ということが大切になってきます。

そこで、まず僕が重視していることは、ありきたりかもしれませんが、とにかく共有を怠(おこた)らないことです。

たとえば、先程も話に挙がった朝礼。会社勤めをしている方であれば、部署で必ず朝礼をしているところは少なくないでしょう。ただ、その「部署」に当たるくらいの人数が、僕の工房では働いてくれる人全員に当たるわけです。

そこでまずは僕が、昨日起きたこと、昨日会った人、昨日どういったことをしたのか、その中でどういう話ができて、どういうものを売ってほしい・つくってほしいと言われたのか、そういったことを全部しゃべっています。

そして、もちろん、みんなにもその日に何をするのかを話してもらう。

そうすることで、職人全員がほかの人がやっていることを把握できるので、どの会社にもある「誰が何をしているのか、まったく知らない」ということは起こらなくなります。

社員全員の中で仕事上の秘密はないし、何か手を貸せることがあれば、いつでも必要な人に力を貸せる心づもりもできる――。

だって、家族に困っている人がいたら、手を差し伸べますよね？

そんな体制をつくっていくことが、家族的な意識で働くことの第一歩だと思います。

また、もう一つ、僕が重視しているのは「おやつの時間」です。

3時45分から4時までの15分間、開化堂には恒例の「おやつ」を食べる時間があるのですが、その意味は要するに「顔を合わせる」ことです。

そういうと、「何の意味があるの?」と疑問に思う人がほとんどかもしれません。

しかし、職人は同じ職場にいても、基本的に一日中、自分の今つくっている仕事と向き合っているわけです。集中するほど、ほかの人に目を向けるタイミングがありません。

そこであえてみんな一緒にブレイクをとることで、「そっちの調子はどう?」「今、どんな作業をしてるの?」と、互いを知る時間を朝以外にもつくるわけです。

せっかくの「おやつ」ですから、僕もその時間を「開化堂らしさ」をみんなで味わえるような時間にできればと工夫をしています。

たとえば、ヨーロッパに出張をしたあとには、エリザベス女王の即位70周年記念のクッキーや、フランスで古くから続くマカロンを。

そのほかには、イギリスではパンとバターとジャムが人々の暮らしの中で結構大事だったりするので、派手さはないけれど日常に溶け込み、シンプルでおいしいところが、開化堂らしさに通じるなと思って、歴史のある名物のジャムを買ってきたこともありました。

そうしてみんなでなんとなく、五感を通して感覚を共有し合うのです。

もちろん、それがどの程度、開化堂内のカルチャーづくりに寄与しているのか、数値化はできませんが、そんなふうにみんなで過ごす時間を必ずとることが、簡単でたいしたことのないものに見えて、実際には抜けてしまいがちな重要なことだと僕は考えています。

別の何かを使って「らしさ」をチューニングする

ちょうど、おやつについての話の中で、出張のお土産を使って開化堂らしさを共有したことをお伝えしましたが、こういった何かを用いながら自分たちの「らしさ」を考える試みは、とても大事なことだと考えています。

というのも、働いてくれる人はそれぞれ趣味嗜好(しこう)が違いますし、同じものを見ても人によって感じることが違うから。

当然、そのまま何かをつくろうとすれば、同じモノを目指しているはずでも、その人ごとに表現される感性や感覚に差が出てきてしまいます。

ですから、開化堂の場合でも、茶筒のことだけを見て、毎日一所懸命につくるだけでは少し不十分なのです。

そこで、私たちは、茶筒以外の何かも使いつつ、多角的にインプットの体験をし、そこで得た「らしさ」の感覚をみんなでアウトプットし合いながら、日々チューニングすることを大切にしています。

では、実際には、どんなことをしているのか？

一例としては、出張のお土産を紅茶にしたときなら、フランスのフレーバーティー、イギリスのブレックファーストティーなどを用意してみて、「これ、おいしいよね」「華やかなフランスのフレーバーティーよりも、伝統的に日常に根差してきたイギリスのブレックファーストティーのほうが、開化堂っぽいかな」なんて話をしたりします。

また、別の例では、「吊り編み機」という天井から吊られた編み機を今でも大事に使ってスウェットづくりをしているループウィラーの鈴木諭さんに、開化堂のみんなで着る職人着の製作をお願いしたこともありました。

吊り編み機は、1960年代までは一般的だったのですが、1時間に1メートルしか編むことができず、常時職人さんが調整を行なう必要もあるとのことで、効率重視の大量生産・大量消費の時代にコンピュータ制御の最新機にとって代わられてしまった機械です。ただ、その代わり、天井から吊る機械を用いて糸と生地そのものの重さを利用するので、人工的に引っ張るような余計な負担を生地にかけずに済み、ゆっくりと時間もかけて編む特性によって、現代の機械には出せない生地のやわらかさや着心地を表現できる強みがあります。

しかも、ヴィンテージの衣服がそうであるように、独特の風合いを持っていて、それが長年にわたって失われることがないので、次の世代へ味わいを残し続けることができるのです。なんだか、これまでお話ししてきた開化堂の思いに共通するものがないでしょうか？うちで働いてくれる職人には、そのようなものに包まれて茶筒をつくってほしいと思いました。

こんなふうに、いろいろとモノを替えながら、「開化堂らしさ」に通ずる何かをみんなで一緒に体感してもらう。

そのことによって、働いてくれる人たちの中に、「自分たちらしさといえば、これだよね」というブレない感性を、齟齬（そご）なく浸透させていくことができると感じています。

海外に若い職人を連れていく意味

最近は僕が海外に出張する際に、5年目ぐらいを迎えた若手の職人を連れていくようにしています。

先日も「ミラノサローネ」というイタリアで行なわれる工芸の展示会に連れていきましたし、ときにはロンドンやニューヨークに同行してもらったり、職人みんなで台湾に旅行したりしたこともありました。

また、その逆にフランスからのインターンを迎えて交流したこともありました。

こうしたことをしているのは、職人たちにも、海外にいる家族のような付き合いの取引先の方やお得意さんと直接触れ合ってほしいからです。

茶筒づくりだけでなく、一般的な会社の仕事にもルーティンはあると思いますが、茶筒づくりも同じ工程を積み重ねることなので、ときには自分のしている仕事の意味を見失ったり、やる気が低下して作業に身が入らなくなったりすることもあります。

でも、たとえば台湾に行けば、はじめて直接会う人たちなのに、家族のように迎えてくれる取引先の方がいる。

すると、台湾に行った記憶が、向こうの人たちのおもてなしと一緒にいつまでも心に残りますし、自分のつくっている茶筒によってこうした関係性が生まれていることを知り、茶筒づくりの意味や影響を改めて感じることができます。

そうなれば、「台湾で会った○×さんがほしいと言ってくれているから、心を込めてつくろう」と、より思いを込めてモノづくりをしたくなります。

また、ミラノに5年目の職人を1人連れていった際には、カナダからインテリアショップのオーナーさんと従業員さんもきていたのですが、その従業員さんから「あなたは、何年目なの?」と聞かれて、うちの職人が「5年目です」と答えたら、「お前、ずるいなぁ。

俺なんか16年待ってミラノに連れてきてもらったぞ」なんて会話が弾んでいました。

ほかにも、うちの職人の子はあまり英語が得意ではなかったので、「僕は英語を勉強して次はバンクーバーに行きたいと思います」と言ったのですが、そうしたら「逆だ!」とその場で言われて、「英語をしゃべれるようになるためにバンクーバーにこい。そこも含めて受け入れてあげるよ」なんて声もかけてもらえていました。

そういうやりとりの中で、世界規模での人と人とのつながりを感じてもらえる。実際にバンクーバーに行って、その子自身も家族のようなつながりをさらに広げられる。

そして、そういうサポートをすることで、私たちが働いてくれる人たちのことを本当に家族同然に考えていることも、伝わっていくのだと思っています。

「心の賃金」を増やしていく

先程も述べましたが、職人の仕事というものは、大企業のビジネスパーソンのようにはお給料はよくありません。一時期は町工場などが苦境な時期が続いて、職人全体の仕事も徐々に敬遠される傾向が出ていたように思います。

でも、ここのところ、私たちの周りでは人がいなくて困っているような感じはなくなり、若手の人が増えたり、大学卒業後にもう一度伝統工芸を学んで、それから就職にきてくれたりする人が多くなってきました。

それって、なぜなのだろう？　と考えるとき、本当の意味での賃金だけではない何かを、モノづくりの職人という仕事に求めてきてくれているような気がするのです。

たとえば、最近特に思うのですが、僕自身も経営の仕事が増えるにつれて、モノをつくるところの時間がだいぶ減っていました。でもここのところ、うちの職人さんが産休に入ったりした中で、僕も茶筒づくりに時間をまわすようにしてやり始めたんです。

すると、やっぱり気持ちがいい。

何かうまくわからないですが、メールやいろいろなミーティングをしているだけではない、コツコツと作業をする中で何か心が落ち着いていく瞬間がすごくある。

そこにはお金だけではない心地よさとか、目に見えない何かが貯まっていっているような感覚があるのです。

それが開化堂で働いてもらうことの意義として、一つあるのだと改めて感じました。

僕はこれを「心の賃金」と言っているのですが、これからは働いてくれる人たちとの間で、「お金で成り立つ関係」以上のものを目指さないと、一緒に働く意味を感じてもらえない時代になってきている気がするのです。

もちろん、お給料があまりになければ生活が成り立ちませんから、ちゃんとした額の賃金、賞与、休み、労働規約は大事です。

ただ、消費する、消費されるだけのために働いていると、いくらお給料だけがよくても何かがすり減って、働いてくれる人が長く続けてくれません。

ですから、僕は「会社」や「社員」「スタッフ」という感覚ではなく、「家族」や「仲間」「働いてくれる人」という意識で、付き合っていきたい。

働いてくれる人たちにとって茶筒づくりというものが、「契約だから決まった個数をつくる」のではなく、「誰かのためを思いながら自発的に好きでやっていたら、結果として『働く』になっていた」となるようにお願いしたい、と考えています。

一般の会社から見れば不可思議かもしれませんが、そもそも私たちのような工房は、150年前から「成長」や「稼ぎ」ではなく、「安心して、家族同然の仲間の中で、目の前の茶筒づくりに没頭できる」という在り方で、職人同士がつながってきたのです。

親父の時代は、お昼ごはんは母親がみんなの分をつくっていました。

今は、おやつの時間をみんなで大事にしたり、若手の職人を順番に海外に連れていくようにしたりしていますが、これも「心の賃金」として、お給料だけではないつながりを増やしていきたいから。

働いてくれる人たちが、勤め先の企業が持つ「らしさ」を身に纏うようになってくれるというのは、そういう関係性の中で醸成（じょうせい）されるものだと思っています。

家族だからこそ包み隠さない

家族の意識で働いてもらうことで「らしさ」を体得してもらい、本当の仲間となることで喜びを持って長く一緒に歩んでもらう――。

僕としては、それが手づくり茶筒の開化堂が魅力的なモノを生み出すための根幹だと感じています。

ですから、まずは家族同然の働いてくれる人たちを犠牲にしないこと。

そのためにも、第1章でも触れましたが、売上や企業の成長のためにたくさんつくることをやめ、売上を先延ばしにし、年間総生産数に合わせて「ごめんなさい、ここまでいったら待ってください」というやり方にする。

ある程度の目標が達成できるなら、それ以上はつくらなくていい。売らなくていい。その分、「みんな、休みましょう」ということにしたわけです。

それもあって、今の開化堂は残業もほとんどなく、6時過ぎにはみんな帰っていきます。毎週、生産会議を行ない、「この週はこれだけつくろう」という計画に合わせて、無理なく仕事をする道を選べるようになりました。

また、そうはいっても、働いていれば、家族であれ仲間であれ、まったく不満が出ないことはないものです。

ですから、ときには、ネガティブな意味でも、腹を割って話す覚悟が必要になります。

それが具体的には、働いてくれる仲間との間での個人面談です。

僕は年に2回行なっているのですが、そのときは雑談しながら「○×に困ってる」とか、「普段ちょっと言いづらいけどこんなことを思ってるんです」みたいなことを聞くことからスタートしています。

そして、僕からも、今回の賞与の額を悩んだ話、企業というものがどうやって働いてくれる人にお給料を払っているのかの仕組み、創業以来の茶筒づくりと新しいラインナップづくりのバランス、開化堂の今の状態、といった経営面や僕自身の考え、金銭面のシビアなことまで、包み隠さず正直に話す。

開化堂にとって職人は財産なので、それぞれのやりたいことを聞いて、そのために必要なことがあれば、こちらから要求もしますし、もう少し目線を変える必要があれば、そのことも伝える。どんなことをどうしてほしいのか、それは開化堂として可能なのか、とにかくいつも聞き、僕の考えはすべて明らかにする——。

やはり「家族」であれば、何度も何度も話し合っていく必要があるわけです。

結局、相手との関係を築いていくには、こうした正直な意見のぶつけ合いを繰り返していくしかありません。

本当の家族においても同じだと思いますが、結局は相手のために使う時間の量が、その関係を高めていくのです。

働いてくれる人たちの家族を犠牲にしない

家族の意識で働いてもらうために、僕なりに取り組んできたことをお伝えしましたが、この章の最終パートとして挙げたいことは、「家族に犠牲を強いるような商いをしない」ことです。

これは、一つには、先程も挙げた「家族同然の働いてくれる人たちを犠牲にしない、つくる上限を決めた生産体制」の話があります。

しかし、さらにその奥には、文字通り、「働いてくれる人たちの家族を犠牲にしない」という考えがあります。

というのも、かつての昭和・平成の日本では、特に父親が仕事を遅くまでし、「僕は会社ばっかりで家庭を犠牲にしてきました」という人が少なくなかったように思うのです。

でもその結果、家族関係が幸せだったかというと、どうでしょうか？

お父さんの仕事がどんなものだったのかをよく知らなかったり、お父さんがしていた業界・仕事へのイメージがあまりよくなかったり……。

職人の世界でもそうですが、こうやって仕事と家族を分離してきたような工房というのは、次の代が後を継いでいないことが結構あるのです。

一方、開化堂は先程も述べた通り、仕事場が生活の場でもあり、働く人たちも家族同然。だから、「家族か、仕事か」という二者択一の選択は、最初から発想としてありません。

実際、僕が小さかった頃も、父母ともに忙しかったはずですが、それを子どもに感じさせることはなく、運動会にもきてくれましたし、いつも夕方には父とキャッチボールをしていた思い出もあります。それどころか、父は僕が通っていた少年野球のコーチもしていました（夕方のキャッチボールは、みなさんの考えるようなものではなく、教える感じのキャッチボール。こればっかりは「見て覚えろ」じゃなく、めちゃくちゃ教えられました。それが嫌ですぐに「トイレ」と言って逃げ込んでいた記憶もあります。今ではよい思い出ですが……）。

ほかにも、夏の時期は、かつてはお中元で贈られる茶筒をたくさんつくらなければいけなかったので、7月末までは非常に忙しかったのですが、その時期が終わると、「ほな、海に行こか？」と小浜（おばま）の海に1週間ほど連れていってくれたものです。

考えてみれば、そんなふうに「家族の生活を犠牲していた」という感覚がないから、僕は家業にマイナスのイメージを持っていなかったし、家に戻って働くことにも抵抗がありませんでした。

「仕事仲間は家族同然」という話をここまでしてきましたが、その奥には、それぞれの実際の家族もいます。

ですから、僕としても、開化堂で働いてくれる人だけでなく、その家族の人たちのことまで含めて、考えていきたい。

そうやって、働いてくれる人たちが持っている家族への思いまで含めて尊重し、みんなが幸せになる走りを続けることが、家族的な経営の条件になるのだと僕は思っています。

「続く」とは「働いている姿を見せる」ということ

この章の最終パートとして、働いてくれる人たちの家族を犠牲しないことを挙げましたが、ここから先はそれに付随した僕からの提案になります。

それは、「子どもに働いている姿を見せてみませんか?」「子どもを仕事場から追い出すのをやめてみませんか?」ということです。

コロナ禍以降、在宅ワークが始まってから、子どもの問題で結構苦心されている方が多かったといいます。オンラインミーティングなどで大事な話し合いをしているときに「遊んでほしい」と擦り寄ってきたり、急に泣き叫び出したり……。

そのたびに「えーっ、大変だ、両方見なきゃ！」「あっちに行ってて！」と慌てているお父さんやお母さんが多かったこともよく聞きました。

でも、だからといって、カフェやホテルなど、家から離れたところで仕事をしようとするのは、それはそれで大切な機会をフイにしているような気がしてなりません。

というのも、その理由は先程お伝えした僕の小さい頃の話と同じ。

子どもながらに、親が働いている姿を近くで見てこられたことが、よい意味で心に残っているからです。この感覚は、親がお店をやっている家で生まれた方には、共感してくださることも多いのではないでしょうか。

普段、家でゆっくりしているのと違う、親の働いている姿を見ることで、親というものの存在意義を子どもはより理解するようになります。

それは単に「親を尊敬できる」という話ではなく、それぞれの役割が認識できるのです。「大人になるってどういうことか」「社会人になるって何なんだろう」といったことを、なんとなく知る機会にもなるでしょう。

子どもが仕事を邪魔するのは人の迷惑になるから困る……という気持ちもわかりますが、僕も実際にオンラインミーティングの際に、相手の方の膝の上にお子さんがちょこんものでした。

と座っていても、相手の方の事情もわかるし、気にならないどころか、むしろ微笑（ほほえ）ましい

それに、子どもは子どもで、親の仕事を見ているうちに、だんだんと「今は大事なときなんだな」と理解します。

それだけでも子どもにとっては大きな学びですし、さらにもし時間があれば、「今の人はこういう立場の人で、こういう仕事について相談をしていたんだよ」と説明してあげれば、子どもにとっては、もっと大きな社会勉強になるでしょう。

もちろん、オンラインだけでなく、職場で親の働く姿を見せられれば、もっと勉強になるし、会社がどんなところかを知るのも学びになるでしょう。そして働いている人たちの家族関係がよくなり、家族や子どもから仕事を理解されるようになるのは、企業にとっても大きなプラスになるわけです。だから仕事の場を、どんどん見せたほうがいい。

僕自身、子どもの頃に工房をウロウロしていたように、今は自分の子どもを工房に連れていきます。すると、気づけば学校帰りに職場にくるようになって、僕の親父である五代目と遊んだりしている。

無論、工房なので安全が大前提にはなりますが、必要であれば働いてくれる人たちのお子さんが工房にくることを僕は気にしませんし、実際、そうしたお子さんがきたときには、「アルバイト～」と言って、簡単な作業に参加してもらうこともあります。

また、僕が2016年に始めたKaikado Caféでは、「職人さんにゆっくりしてほしいです。そして、もしよかったらみんなの家族を連れてきていいよ」と、毎年みんなにドリンクチケットとフードチケットを渡したりもしています。


小さい工房だからできることかもしれませんが、世の中の企業がもっと「働いてくれる人たちの家族」のことを、具体的に想像するようになると面白くなるし、その企業がいろいろな意味で愛される、長く続く存在になっていきます。

働く人にとっても、子どもに自分の仕事姿を見せるのは、よい家族関係が続く源になる気がするのですが、みなさんいかがでしょうか？

働いてくれる人が「家族」になったあと、商いが始まる

この章では、働いてくれる人たちに、家族同然の存在になってもらうために、何ができるのか、僕なりの考えや取り組みをお伝えしてきました。

家族同然になってもらえることで、価値観、世界観、感性といった商いの根幹の部分を心から吸収してもらうことができ、それを今度は働いてくれるみんな自身が表現していってくれるようになります。

また、家族同然になることで、自分たちの組織というものが、安心して長く働きたい、産休や育休を取ったあとにも帰ってきたい、居心地のいい場所になっていきます。

本当の意味で、商いを長く続けていくための土台が固まるのです。

では、内側が固まったあとには、どうしたらいいのか？

ここから先が、みなさんの思う、もう少し商いらしい、外側の話になっていくわけです。

ただし、ここでのキーワードも、まずは「家族」。

そもそも茶筒という商品は、マーケティングをしようと思ったところで、できることに限りがあります。それに、もしブランディングなどがうまくいったところで、流行り(はや)が過ぎてしまえば、また廃れてしまいます。

ですから、自分たちのつくったモノをどのように伝え、どのように思いを汲んでいただき、どのように販売し、どのように買っていただくのか。どうやって海外に展開していくのか。すべては策略でコントロールするものではなく、人と人の関係性ありきで考える。

そのつながりがあってはじめて、茶筒に込めた思いが共感を呼んで広がり、長く茶筒に親しんでもらえるようになるのです。

そこで、次の章では、私たちがどのような在り方で、開化堂の外側の協力してくださる人たちと良好な関係を築くことができたのか、海外展開の話なども含めて、お伝えできればと思います。

第3章

「家族」の輪を世界中に広げていく

儲けの額や相手の大きさで判断をしない

第1章では自分たちが持つ価値や「らしさ」を見極めること。第2章では働いてくれる人たちと家族同然の関係性を築くことで、安心して長く働いてもらえる環境をつくり、企業の「らしさ」も体得してもらうこと。そんなことを念頭に入れながら話をしてきました。

しかし、せっかく自分たちの価値や「らしさ」が、自分たちの組織内に浸透したとしても、それが最終的にモノを購入してくださる個人のお客様にまでしっかりと伝わらなくては、結局のところ商いは立ち行かなくなります。

では、どうしたらいいのかといえば、まずは個人のお客様に対して商品を販売してくださる方々に、私たちの思いや在り方を知っていただくこと。

もう少し述べると、会社の内側だけではなく、外側においても、家族のような関係性や共感性を築ける方々と商いを営んでいくということです。

そんな思いで僕が決断したことの一つには、それまで続けてきた、とある有名百貨店さんでの販売をやめてしまった、ということがありました。

その百貨店さんでは、年間500万円くらいの売上を出していましたから、決して感謝していないわけではなかったのです。

ただ、売り場を新しくして販売方針も変えるとのことで、「場貸し」といって開化堂で場所を借りてそこで直接販売をするか、あるいは百貨店さんが外部発注する卸屋さんに託すか、どちらかにしてください、ということになりました。

でも、私たちは職人ばかりの工房ですから、百貨店さんに常駐するわけにはいきません。

とはいえ、卸屋さんに託す場合は、託す相手をこちらで選ぶこともできませんし、開化堂以外にもたくさんの商品をまとめたブースでの販売になるので、販売員さんたちも茶筒にばかり細やかな対応はできません。

じゃあ、私たちが信頼できる人に頼んで直接販売の形でやれるのかというと、それもさらなる費用がかかります。試算をしたところ、年間3000万円くらいその百貨店さんの売り場で茶筒を売らなければ、採算が合わないことが判明しました。

「だったら、もっとほかにやりようがあるか……」

それで、私たちにとっても大口の取引相手だった、その有名百貨店さんとの取引をやめてしまったのです。

もちろん、このことは、すぐに「百貨店さんでの販売をすべてやめる」という意味ではありません。

ただ、お客様に茶筒を販売していただくのは、実はなかなかに難しいことなのです。

在庫として置いていただく茶筒も、注意しないと時間とともに色が変化していきます。

取り扱い方も、購入するお客様にしっかりと説明していただかないといけません。

その傍らで修理の依頼が入れば、受けていただく必要もあります。

本当に手間のかかる商品だと、我ながら思います。

でも、その手間に向き合っていただける方々との間での、目に見えないけれど深い関係性があってはじめて、丁寧な販売とケアが生まれ、お客様に茶筒の魅力が伝わっていくのも事実です。

ここを疎かにしないことが、その先の広がりを生むために欠かせないことなのです。

取引も「家族付き合い」できる相手と

近年は、取引のある相手先の企業さんでも、ジョブローテーションの一環もあってか、担当の方がすぐに代わることが増えました。

でも、私たちからすると、もう一度最初から関係を築き直し、茶筒の取り扱い方などの説明を繰り返すことになります。それもかなり頻繁に……。

こうなったら、果たしてその企業さんと長いお付き合いができるのかというと、やはり疑問が残ってしまいます。何より、販売などへのきめ細やかさが薄れることで、購入するお客様に満足していただきにくくなるように思うのです。

一方、ほかの百貨店さんの中には、僕が開化堂に戻ってきた頃から20年近くも代わらずに、今でも同じ担当の方が販売に携わってくださっているところもあります。

そんな担当の方とは、自然と会話が弾みます。


「今度、こんなもんつくりたいと思って頑張ってるんです！」

「いいですね！　取り扱いしてみたいですね～」

「ただ、今はまだ少しバタバタしてるので、ちょっとお時間いただくかもしれないです」

「わかりました。お客様にも新しい商品について、お伝えしますね！」


こんなやりとりが続いて、だんだんと家族付き合いのような関係が構築されていく。

僕も、少なくとも年に一度は、「実演」と称してその店頭にお邪魔し、担当の方と一緒に、じっくりとお客様への販売に携わる時間を大切にできる。

こういったことの重要性を理解してくださる企業さんや販売員さんとの信頼関係を深めていくと、自分たちが工房併設の店舗で直接販売するのと遜色ない形で、お客様に茶筒のことを伝えていただくことができます。

そして、その販売員さんのもとで買いたいという常連のお客様や、常連さんから評判を聞いた新規のお客様が増えていくのです。

仕事をしていれば、無理をして人付き合いをしたり、辛抱をして相手に合わせたりする場面も少なからず出てくるでしょう。

また、先程の「場貸し」の話のように、企業も支出を減らそう、効率化を進めようということで、数字にならないサービスをカットしつつあります。

たしかに、そういう無理をしての付き合いを辛抱して継続したり、非効率に見える部分を削減したりすることで、一時的には大きな収入を得ることができるのかもしれません。

でも、それでは、互いに気持ちよく長く続く付き合いというものは難しくなります。

そう思えば、大きな利益は出なくとも、無理なく長く続けられる人間関係、感性の合う取引相手との関係を選んだほうが、結果的にはプラスになるのではないでしょうか。

「中小企業の工房だから、我慢して提示された条件を飲まないといけない」というのではなく、譲れない大事なところを心から理解し、尊重してもらえる関係を選び、構築していく。

もちろん、相手から尊重してもらえるためには、自分たちのつくるモノのクオリティーは欠かせません。

家族的な商いというものは、本当の家族のようにお互いに理解し、共感し、支え合っていける人や企業さんとの間で進めてはじめて、うまくいくものだと思います。

海外にも「家族」をつくっていく

「家族」のような関係を築くことは、海外への展開を考えるうえでも大事なことです。

私たち開化堂の海外展開がスタートしたのは、2005年のことでした。イギリスはロンドンのとある紅茶屋さんから、「あなたのところの茶筒を売りたい」というメールをいただいたのです。

そのお店は、高級ブランドやアートギャラリーが立ち並ぶニュー・ボンド・ストリートという通りから入ったところにある、ポストカード・ティーズさんというお店で、メールのあとで、オーナーのティムさんはわざわざ京都にもきてくださいました。

僕も直接対面した場で「もし、あなたのお店で茶筒を売っていただけるなら、実演に行きたいです」という話をしてティムさんから快諾いただき、晴れて道具を持ってロンドンに出向くことになります。

しかし、当然ですが、中小の工房である私たちに気軽に海外出張できるような予算の余裕はありません。

親父も、そもそもは「そんな海外なんかで売れるか」という考えです。つくり手が1人欠け、さらにお金もかかるロンドン行きには、とても懐疑的でした。

そこで僕は、これから付き合いが始まるそのティムさんに、「申し訳ないけれど、お宅に泊めてください」という、はじめて会ったという関係性を飛び越えたお願いをしたのです。

僕自身は、以前勤めていた免税販売店での経験もあり、外国の方だろうと同じ人間なのだから、英語を話してちゃんと説明ができれば、必ず売れると思っていました。

また、第2章までの話を通して、自分たちの価値にも、よいモノづくりにもすでに自信があったので、あとはどう知ってもらえるかだとも思っていました。

そして何より、対面で接している中で、ティムさんは僕のことを泊めてでも、開化堂の茶筒を売りたいと思ってくれているのではないか、という確信に近い感覚もありました。「海外で開化堂の茶筒を売ってみたい」「免税販売店でも売れたので、必ずよさが届くはず」その思いを自信の裏打ちにして、相手の懐に飛び込んだわけです。

幸いなことに、ティムさんは僕のこの願いを了承してくださり、一番安い往復の航空チケットだけを握りしめ、親父にも「海外旅行に行ったと思って、この10日間はあきらめてくれ」と伝えて、手弁当でロンドンに向かったのでした。

あとから、考えてみても、このときポストカード・ティーズさんに泊めていただくことができ、ちゃんと受け入れてもらえたことは、とても大きいことでした。

紅茶屋さんはティムさん夫婦で営まれていたのですが、最初は茶筒の売れ行きも穏やかで、一日中ゆったりと「僕はこういうふうに仕事をしていきたい」と言えば、「いや、それはお前こうじゃないの？」とかアドバイスをもらったりもできました。

また、お客様が来店した際には、「紅茶でも一杯淹れようか？」といった感じで、茶筒の感想やお店にきた目的なども聞きながら、ずっといろいろな話ができたのです。

そこから、ティムさんたちとの家族のような付き合いが始まっていきました。

当初から家族のような関係になることを狙っていたわけではありませんでしたが、あとから振り返って考えてみると、やはりこのとき家族のような関係への第一歩を踏み出せたことが、何よりも大きいことだったと思います。

誰を通じて、どこから海外に入っていくか

ポストカード・ティーズさんでの最初の実演販売は、お店の5階に寝泊まりしながら、9日間の実演販売をする形でスタートしました。

実演販売というのは、その場で茶筒の製作の一部を見せて、集まっているお客様に使い方を説明しながら、販売を行なっていくものです。

もちろん、店内でやるわけですから、火を使って金属を加工する作業はできません。披露するのは、バラバラになったパーツを木槌（きづち）や金槌で叩いて組み上げる作業のみです。た

だ、購入してくださったお客様には、サービスでプレゼントする茶匙（ちゃさじ）に名前を彫（ほ）らせてもらいました。

とはいえ、日本から持ち込んだ工芸であり、お客様は日本茶ではなく紅茶を飲む人々。四角い紅茶の缶が主流のお国柄です。

値段が１００ポンドくらいする丸い茶筒なんて、手に取ってもらえないんじゃないか？

一体どのくらいのお客様が、これを買ってくれるのだろうか……？

はじめての海外実演において、僕にはそんな一抹の不安がありました。

しかし、結果は1週間で１００万円以上の売上──。

「開化堂の茶筒は、世界に通用する商品なんだ！」

このとき、僕はそう確信したのでした。

ところが、その次に行ったパリの百貨店さんで、僕は大失敗することになります。

そのときの話はまた第4章でさせていただきますが、その茶筒が売れない経験をしたことで、僕は新たな学びを得ました。

一つには、ポストカード・ティーズさんという環境が、茶筒と相性が極めてよかったことです。それは紅茶屋さんなのはもちろん、オーナーのティムさんの家系にもありました。ティムさんのお父さんはロンドンで名の知れた画廊の経営者であり、ティムさん自身も幼少期にアンディ・ウォーホルに絵を描いてもらったことがあるという、文化と教養がバックボーンにある家柄だったのです。

そういった方だったからこそ、私たちの茶筒や開化堂の歴史というものを汲んでくださり、ロンドンの人たちに伝わりやすいように、店頭で翻訳してくださっていたのですが、これはパリで茶筒が売れなかったことで、あとになってようやく気づいたのでした。

また、もう一つには、ロンドンの街と開化堂の茶筒の相性のよさもありました。お店の一角で実演をしていたのですが、ロンドンの人たちの「ちょっと見にきたけど、これ何?」という少し斜に構えたトーンや、「いいね、いいね」とは表立って褒めてくれないけれど体感的によいと感じたモノを選んでいかれるところが、なんだか京都の人たちと似ていたのです。

きっと、「物柄」を大切にする気風が、ロンドンと京都で共通していたのだと思います。

そんな環境下だったからこそ、開化堂の茶筒はその後もロンドンにおいて、ミック・ジャガーさんの最初のパートナーだったビアンカ・ジャガーさん、BBCで10年以上番組を持っていたナイジェル・スレイターさんといった方々と出会うことができ、イギリスを代表する服飾デザイナーのマーガレット・ハウエルさんとのお取引にもつながりました。

そして、少しずつイギリスの人たちにも、知られるようになっていったのです。

すべては、ポストカード・ティーズさんに出会えた運、ということにもなるわけですが、僕はこのことから、どういった方を通じて海外の商いに入っていけるのか、どういった国や地域から入っていくのか、どういった方に最初に受け入れてもらえるといいのか、ということの重要性を痛感しました。

また、そういった相手の方に見つけていただける自分たちであること、自分たちがそういった鋭い感性を持つ方々に向き合えるだけのクオリティーを持っていないと立ち行かないことを、改めて感じさせられたのでした。

すぐに撤退では、家族になれない

こうして幸先のよいスタートを切ったかに見えたイギリスへの展開でしたが、進出してから数年の販売状況というのは簡単なものではありませんでした。

最初にロンドンに行ってからは、毎年赴(おもむ)くようにしていましたが、2年目からはホテルも自分でちゃんと取り、滞在費用も大きくかかってくる中で、3年目、4年目と重ねていくと、「今年は、きてよかったのかな……」と感じてしまうことも出てきました。

ポストカード・ティーズさんも大きな紅茶屋さんではありませんので、どんどん新しいお客様が増えるわけではありません。それに対して、開化堂も同じ茶筒を持っていくわけですから、簡単に右肩上がりの売れ行きとはいかなかったのです。

ただ、そんな迷いが生じるときでも、僕は毎年ロンドンに行くことをやめませんでした。というのも、やっぱり一度や二度行ったぐらいでは、本当の関係性は築けないから。

せっかく声をかけてもらえたのに、少しつまずいて帰ってしまうようでは、私たち自身も、その場所にちゃんと根づいて受け入れてもらうことができません。

だから、むしろ難しい状況の中で、互いにそこでコストをかけながら一緒に続けていく。

そうするうちに、より一層、信頼の感覚が芽生えていく。

ちょっとよくなったり、悪くなったりというアップダウンもある中だからこそ、家族のような関係性が倍増していくこともあるわけです。


日本の企業さんの中には、海外の展示会に出てゴール、というような形になってしまっているところもあるように見受けられますが、本当はそこからがスタートになります。

だから、日本だけでなく世界中に家族をつくっていく。そのためにも、すぐに利益先行で考えるのではなく、長期的なスパンで考える。

そうしてイギリスの家族とも呼べる方々と地道に茶筒の展開を続け、ポストカード・ティーズさんの薦めもあった結果、イギリスでの展開から9年後の2014年、開化堂の茶筒はイギリスのヴィクトリア&アルバートミュージアムという、工芸やデザインの分野で世界の三本の指に入るような国立博物館に、パーマネントコレクション（永久展示品）として収蔵される、という評価をいただくところまで受け入れられることができました。

海外においても、すべては信頼関係が土台です。不慣れな土地で、現地事情を知る人たちに何を教えていただき、どう盛り立ててもらえるか。当然、少し売上状況が悪くなったからといって、説明不十分な形で撤退してしまえば、密な信頼は育めません。

だからこそ、国境を越えて苦楽をともに味わえるような、家族付き合いできる人柄の相手先を見つけ、ビジネスという以上に人として一緒に歩む。

それが、結果的に海外での商いという観点から見ても、自分たちを足元から支えてくれるものになるのだと思います。

互いの間で、貸し借りを持ち合う

国内外を問わずですが、国境を越えても通用する関係性の築き方としては、僕は「貸し借りをお互いに持つ」というのが、とても大事だと感じています。

京都においても、何かをいただいたら「ちょっと借りときますね」などと言って、また次回会うときにお返しをしたりするのですが、この「今度また会う」「持ちつ持たれつ」という関係性が生まれることがよいのです。

この「貸し借り」をとても上手に人間関係の中で生かされているのが、ポストカード・ティーズのオーナーのティムさんでした。

前にティムさんにレストランに連れていってもらったときのことです。

打ち上げだったのですが、社員さんも連れていかれて10人ぐらいでごはんを食べていた際、紅茶の取引先でもあるそのレストランのご厚意で、「飲み物代はいりませんよ」と言われたのです。人数もいたので、おそらく5万円くらいはかかっていたでしょう。

では、ティムさんはどうしたか。

その場のホストだったティムさんは、「ありがとうございます」と感謝して一度厚意に甘えたうえで、その飲み物代をすべてチップとして置いていったのです。

借りを受けたら、相手にとってもよい方法で返すことで、お店ともいい関係を維持する。かつての日本の商売人の考え方を見るようで、僕も感動したのでした。

また、この貸し借りには、「損得」という概念も付随してきます。

たとえば、海外で実演を行なう際には、交通費、宿泊費、食費などがかかり、つくり手も減るのでその分の生産もできませんから、短期的には損になります。利益度外視です。しかも、それでいて、私たちが海外のお店で実演することで、そのお店に事前に卸して納品した茶筒を売る。つまり、先方の売上を立てることを考えて行っているというわけです。

でも、そうして貸し借りを受けた欧米の人たちは、こちらが考えている以上に、その恩をいつまでも覚えていてくださいます。

その実演からまた1年の間、店舗で茶筒を丁寧に販売してくださいますし、こちらが結構な支出をしてきていることをわかってくれていますから、現地で食事に連れていってくれたり、日本では経験できないところを案内してくれたりします。

先日も、ブリキ茶筒の原料となる錫(すず)の鉱山で知られたイギリスのコーンウォールというところを訪ねたのですが、このときも交通費をほぼ出していただき、そのうえコーンウォールで滞在したホテル代に加えて、お土産まで買っていただきました。何より、とても濃い時間を一緒に過ごすことができたのです。

こうして出来上がった関係性があると、相手の大事な友人を紹介いただくことも多くなります。そしてその広がりが、また違う国でのつながりにもなったりする。実際、フランスで紹介いただいた方とは、今、バンクーバーで家族といえるような仲になっています。類は友を呼ぶといいますが、それは国内だけでなく世界中でいえることであり、こんなふうに貸し借りし合うことで、何かを共有し合えるような人間関係は広がっていくのです。

目先の自分のことばかり、相手から売上を奪うことだけを考えている人に、次のよい縁を紹介してくださる人はいません。

「今回、得したな」と思ったときは、こちら側が相手の得になることを次回に必ずする。

「損したな」と感じたときには、次に何かこちらの得を考えてくださる相手方がいる。

きっと、「ちょっとうちが損してるな」と思っているぐらいが、相手の視点から見て、ちょうど対等に感じられるところなのでしょう。

もともと職人の世界には、自分がある程度の売上を確保したら、そこから先は相手の利益を確保してあげようという考え方があったのですが、まさにそれに近い形です。

互いに損をし合うから、結果的に、回りまわってお互い得をする。貸し借りをし合って、きちんと相手とWin-Winの状態をつくっていくことができる。

そんな原則さえしっかりわきまえておけば、意外と世界中に信頼できる人間関係は出来上がっていくのです。

文化や宗教の違いなどは、実はそれほど大きな障壁ではないこと、同じような感性を持つ人たちは世界中にいることに、気づくことができるでしょう。

相手の善意に気持ちよく乗る

「貸し借り」と合わせて、世界に家族のような関係性を築くうえで大事だと感じていることには、「相手の善意に気持ちよく乗る」というものがあります。

簡単に言ってしまえば、「あそこに連れていってあげる」「あそこにごはんを食べにいこう」というものから始まり、さまざまな誘いに対して、NOと言わないということです。

特に海外においては、食事に誘おう、ご馳走しよう、パートナーや子どもまで含めて家族ぐるみの付き合いをしよう、というような慣習がありますよね。だから、誘われたときには、自分のプライベートな予定を変更してでも、まずは乗ってみる。

もちろん、海外の食事などは口に合わないものもあったりしますが、相手ももてなしたい善意で連れていこうとしてくれているわけですから、僕も「おいしいですね！」と言って、とにかく食べます（実際、僕が味に慣れていないだけで、慣れてくるとおいしくなることも多いです）。すると、やっぱり向こうとのコミュニケーションが取りやすくなっていって、会話が弾んでいく。

逆にその相手の方が京都にきてくれたときには、今はホテルになった任天堂さんの旧本社社屋だったり歴史ある建物街が開化堂の近くにあるので、「15分くらい一緒に散歩してから、うちのカフェに寄っていこうか」と誘ってみたりする。

そういうことを積み重ねていくと、「じゃあ、知り合いの○×さんが絶対合うから、車で連れていってあげるよ」とか、「これから展示会を見に行くんだけど一緒に行かない？」とか、「あの美術館に一緒に行かない？」というように、もっといろいろな誘いが舞い込みやすくなって、出会いの幅も広がっていくのです。

昨今は、仕事とプライベートの境目が曖昧（あいまい）になるような密な付き合いはタブー視する傾向にあります。もちろん、働く人の意思に反した形での交際はよくないでしょう。

ただ、今の日本は、そこに重きを置くあまり、そもそも関わらない、ということが増えてしまったようにも思います。

でも、特に海外の人とつながっていくという面で考えると、NOばかり出していることが、相手の善意をつぶしていることになってしまう。どこの国の感覚でいっても、やはりその姿勢では親しく付き合ってもらえるようにはなれません。

ですから、構えず、遮断せずに、かつての日本のように、もっと相手の善意に自然に気持ちよく乗っていく姿勢を取り戻していいのだと思います。

僕自身も、海外に行くときは、予定は半日に一つずつぐらいにとどめて、いつでも誘いに乗れるようにしていますが、そうすることで、「自分じゃ絶対行かなかったよね」と思うような新たな体験や知見も得られるのです。

世界に家族ができたあと、お客様との関係が始まる

この章では、日本はもちろん、海外において、どのように開化堂の茶筒を売ってくださる方々との関係性を築いていったのか、という観点をベースにしてお伝えをしました。

日本はこれまで1億2600万人近い人口を抱え、国内需要だけで経済が成り立つことも多くありましたが、今後は少子化が進むこともあって海外を念頭に置かざるをえなくなると感じている企業の方も多いことでしょう。

でも、人口がたくさんいる地域であろうと、ただ上から流通に載せて商品を出すだけでは、情報の海の中でどこにも響かず、どうにもなりません。

これだけデジタルの時代になっても、海外であっても、やはりアナログで家族的な関係性というものを築き、サポートをいただくようなことができなければ、新たな場所に根づいていくことはできないのです。

だからこそ、あまり一般的なビジネス書らしい、新発見のあるような内容ではないかもしれませんが、地に足をつけてやっていくことの重要性をお伝えしてきたわけです。

では、働いてくれる人とも、販売してくださる方々とも、家族のような関係性を育んでいけるようになったら、次にあるものは何でしょうか。

僕は、ここでようやく、「B to Cのお客様に対しての伝え方」になるのだと思います。

幸いにして、昨今私たち開化堂のことをフォローして、推してくださる方が国内外に増えました。ただ、それはマーケティングやブランディングの賜物（たまもの）ではなく、お客様の視点に立って、たくさん考えられるようになったからです。

また、需要の減少していっている茶筒づくりという商いにあって、モノのクオリティーはもちろん落とすことなく、そのうえで価値をしっかりと納得してもらえるように、情報や説明を届けられるようになったことも大きいと思っています。

そこで、次の章では、開化堂の茶筒を支持してくださる方に増えていただくために、私たちが考え、これまで取り組んできたことについて、お伝えしていきたいと思います。

第4章

「推してくれる人」をつくるために必要な伝え方

パリでの失敗で学んだこと

ロンドンで好感触を得た開化堂の茶筒の海外展開でしたが、第3章でも少し触れたように、次に販売に向かったパリで、大きな失敗を経験しました。

それは、ギャラリー・ラファイエットさんという、日本でいうところの高級百貨店で人が大勢出入りする食料品売り場のような場所でのことでした。

世界的なパティシエであるパティスリー・サダハルアオキ・パリの青木定治（あおきさだはる）さんからお声がけをいただき、百貨店内の青木さんのショップの前で、ロンドンと同じように実演しながら茶筒を販売するチャンスをいただいたのです。

ロンドンのポストカード・ティーズさんと違って、こちらは不特定多数の人々が集まる場所。それも日本の伊勢丹さんや松屋さんのようなクラスですから、やってくるお客様もお金を使われる人たちです。百貨店さん側から言われて、日本らしさを売りにしようと、作務衣（さむえ）を着て実演販売に臨みました。

ところが、思うような結果が出ない。なんでだろう、と1日、2日と過ぎていきます。そして、3日目、もともとホテルから百貨店さんまでは作務衣を着て徒歩で行っていたのですが、毎日出会う通学途中の小学生が突如僕を指して言ったのです。

「ニンジャ、ニンジャ！」と。

その瞬間です。恥ずかしさとともに、「僕は富士山芸者をやりにきたわけじゃない」「僕が伝えたかった開化堂の価値はこういうことじゃない」とハッとしました。

伝統的な日本文化というのは、海外からこう思われているだろう——というようなものを演じるような伝え方をしていては、ダメなのだと気づかされたのです。

もともと開化堂の茶筒は、「ハレ（非日常）」と「ケ（日常）」で分けると、「ケ」の日常使いのモノです。当然、フランスにおいても日常使いのモノとして、受け入れてもらう必要があります。それなのに、僕は「日本感」を押しつけていた。

そのことに気づいてからは、服装を変え、辞書を片手に、「これは茶筒です」「これは200グラム入ります」「これは5年経った茶筒です」と、もう片言でもいいから英語ではなくフランス語で、懇切丁寧に説明を続けて、販売していきました。

そうすることで、次第にお客様に買っていただけるようになっていったのです。

ロンドンのポストカード・ティーズさんには、おいしい茶葉を販売するだけにとどまらず、お茶農家さんの考えをしっかりと伝えたいという思いでやってこられた土壌が、もともとありました。つまり、最初から歴史や文化といったものに共鳴してくださるお客様が集まっていたわけです。

そんな文化を持ったお店が紹介する開化堂だから、いらっしゃるお客様は僕の仕事に興味を持ち、理念に共感してくださり、茶筒を買ってくださいました。

でも、そんな都合よくお膳立てされているような場所なんて本来ありません。

商いは人と人とのつながり、コミュニケーションであり、お客様のことを想像したうえで、ちゃんと伝えなくてはいけませんでした。

それを僕は、長年培ってきた開化堂の本質ではなく、インパクト勝負をしてしまっていた。

このことに気づき、その国の文化に合わせて伝える方法を変えたとき、気に入ってくださったお客様に、最終的には茶筒まで買っていただけるようになっていったのです。

「日本感」を消すことで日本の価値が高まる

こうしてパリでの最初の実演販売は、「日本感」を強く打ち出しすぎて失敗しました。

日本の伝統的な工芸品だから、みんな日本への興味や憧れで買ってくれるはず、という無意識のうちの思い込みは幻想だったのです。

もちろん、日本国内のインバウンド市場では、そうした、日本人から見ると少し滑稽(こっけい)に感じられる「サムライ」「ゲイシャ」「ニンジャ」的な、本質とはズレているけれど、「THE日本」のようなお土産物がたくさんあります。

でも、逆にいえば、そういったものはお土産物として面白がられるのが関の山で、その商品たちを海外に輸出したからといって、なかなか買ってはもらえないでしょう。

実際、開化堂の茶筒を買っていく海外の方々も同様で、そうした「日本感」によってお客様の手が伸びることは、ほとんどありませんでした。

もちろん、海外のお客様に、日本が長く培った技術への信頼があることはたしかです。しかし、ほとんどの人は、日本趣味だから買われるのではなく、自分の生活を充実させるために茶筒を買ってくださる。

ですから、私たちは「これが精巧な刀をつくるような、日本の職人が生み出したものなんだぞ」という宣伝文句や空気感を押しつけるのでなく、紅茶を愛するイギリスの人や、珈琲を愛するフランスの人の日常に思いを馳せる必要がありました。

「日本の茶筒」を届けることではなく、「その国の生活にあった使い心地のいい容器」を届けることが大切だったのです。

よくよく考えてみれば、日本人だってポルシェに乗る人がドイツ文化に染まっているわけではないですし、ロレックスを愛用する人がスイスのアルプスを夢見ているわけではありませんよね。

当然のことなのに、私たちはなぜか自分たちの文化を特別扱いしている。

そのことが、かえって海外展開への壁を高くしているような気がします。

それぞれの国にそれぞれの国民性があり、国ごとに好む・好まないの傾向はありますが、それでも、個々人の嗜好によって買うモノを選ぶことは万国共通で変わりません。にもかかわらず、昨今の日本は、海外で望まれているよりも過剰に、「日本らしさ」のようなものを主張しすぎてしまっているのではないでしょうか。

今、ヨーロッパに行けば、当たり前のように国境があってないかのごとくになっており、人々も当たり前のようにもともとのルーツとは別の国で生活しています。そんなルーツの異なる人たちと日常をともにするのに、いちいちそれぞれの国の文化を理解し合ったりは、実際のところしていません。

つまり、私たちも日本のモノを商うのに、いちいち日本文化への理解を相手に押しつける必要などないのです。

ただ、いいモノを好きになってもらう。日本らしさでなく、自分たちらしさを表現する。日本らしさは、あえて主張しようとせずとも、日本の人が丁寧なモノづくりをしていれば、自ずと薫り立つもの。それを各々の感覚で、感じ取りたい人には感じ取ってもらう、というぐらいでいいのだと思います。

相手の日常に忍び込むように入っていく

こうして、海外において伝え方を変えていった開化堂でしたが、それはやはり私たちの商品の特性も影響していたかと思います。

僕は「工芸」には2種類あると思っているのですが、いわゆるお公家さんのような人たちが使うことを考えて絢爛豪華な美を追求した着物などの特別なモノとは違い、桶であったり、竹籠であったり、というのは日常雑器です。

現在では、一括りに「伝統工芸」と呼んでしまうこともありますが、自分たちの出身地はどこなのかを見極めておかないと、お客様に間違ったアプローチをしてしまいかねません。

では、開化堂の場合はどうなのか？

これは、先程もお伝えしていたように、茶筒は「ケ」のモノ。日用品です。

なので、きちんとお客様の今の生活になじむものである必要がある。

たとえば、洋間に一点だけ中国の骨董品があると少し浮いて感じるように、海外の人にとっては日本色が強すぎるモノが一点だけあると、部屋の中でとても浮いてしまうのです。そんなモノをお客様は自分の日常空間に置かないでしょう。であれば、開化堂の茶筒も殊更「日本感」が強くてはいけない――。

その思いで、僕はもう一度、パリへ挑戦をしました。

それは、「メゾン・エ・オブジェ」という、世界最高峰のインテリア・デザイン関連の展示会の場です。

そのときの僕のミッションは、どれだけ日本らしさを忘れられるか、でした。

ですから、それまでの古い日本庭園の中に茶筒が置かれているようなイメージだったパンフレットをやめ、新しいパンフレットでは、開けた場所に茶筒を置いて、ヨーロッパの朝の光量に合わせて撮影した写真に変えました（実は、Ｐ４の上の写真です）。

また、中に何でも入れてタッパーウェアのように使ってもらおうということで、日本の茶筒というイメージも排除し、「Kaikado」「Chazutsu」の文字と開化堂の印判以外は、あえて日本語らしさのあるものを完全になくしました。

加えて、「向こうの人にとっての日常」を考えて、一から職人が手で丁寧につくっていることや新商品について触れ、どういう英語を使用するかで伝わり方も違うので、少し詩的な英文を書けるネイティブの方にお願いして情緒を伝えることも意識しました。

ちなみに、ここまでしても、海外の方には「めちゃくちゃ日本っぽい」と言われたので、僕の感覚では、何かを海外に伝えるときに、日本らしさみたいなものは、ほんの1、2割あれば十分なのだと思っています。

こういった、相手のことを細部まで想像して伝え方の工夫をすることで、私たちの茶筒は、茶筒としてよりも、「ひとりでに蓋(ふた)の閉まる、使っていて気持ちのいい、保存性も高い容器」として評価をいただけるようになっていきました。

まさに、向こうの文化や日常生活の中に、違和感なく忍び込むことができたのです。

そして、結果的にこうした海外での評判によって、「海外で認められている日本のモノ」といった文脈で情報が逆輸入され、日本でもより知られるようになっていったのでした。

海外展開を検討する際、僕はすべてを海外向けにつくり替える必要はないと考えます。

もちろん、変えないと相手の文化に入れないぐらい色の濃すぎるものは、一部変える必要もあるでしょう。でも、国は違えどみんな同じように暮らしているわけですから、ある一定のところまでは、質のよい商品ならば、そのまま入っていけると思うのです。

「いいモノさえつくれば、いいと思っている」という揶揄(やゆ)はよくありますが、やはり海外展開においても、土台はいいモノかどうか、です。

そのうえで、お客様が使いたいシーンを考えて、伝え方を少し変えれば、自分の本質はずらすことなく、体感的にいいモノを選んでくださる人たちには、しっかりと響きます。

だから、所変わるときには、アメーバのように「相手にとって違和感のないように忍び込んでいく」という意識で工夫していくことが、大事な在り方なのではないかと思います。

買い叩かれないために、印象に残るために

ここまで特に海外における伝え方についてお話をしてきましたが、「推してくれる人」の話に入っていく前に、もう一つ海外での話をさせてください。

それは、いかにして自分たちの大切な商品を海外で正当に評価してもらうのか、しっかりと海外の人の印象に残るのか、という点です。

これも、話は「メゾン・エ・オブジェ」の展示会でのことです。

多くの出展者さんは、ブースを訪れるバイヤーさんと話そうとしてしまいます。商品を海外のお客様に届ける橋渡し役になってくださる人たちですから、当然といえば当然です。ただ、僕の感覚でいうと、最初のうちは海外のバイヤーさんたちとお話ししないほうがいいように思います。実際、僕も特に初年度はバイヤーさんとはしゃべらないことを心に決めて向かいました。

というのも、自分が相手のバイヤーさんの立場を想像したとき、極東のあまりメジャーではない会社や工房の、見たこともないけれど値段はそこそこする商品があったら、高確率で値下げを求めて買い叩こうとするだろうと思ったからです。

でも、僕も開化堂の価値を信じていますし、せっかく家族とも呼べる職人がつくってくれた茶筒ですから、海外展開のためとはいえ、買い叩かれてまで売るのは望んでいません。

ではどうすれば、いいのか？

僕の中での一つの答えは、買い叩かれる前に、先に「どこかで見たことのある、知っているモノ」になることでした。具体的には、初年度は、バイヤーさんとお話をせずに、展示会にくるメディアの方と積極的に話すことにしたのです。

そして、ここでも茶匙に名前を彫って、プレゼントすることにしました。

メディアの方は、展示会にくるとたくさんのパンフレットと名刺を持って帰ります。普通にしていたら、埋もれてしまうでしょう。しかし、そのパンフレットをもう一度見返したとき、コロンと自分の名前が彫られた茶匙が出てきたら、どうでしょうか。

少なくとも、多くの出展者の中で、印象に残れるように思うのです。

実際、僕は茶匙をプレゼントした方々の連絡先に、「ありがとう。茶匙を使ってくれてる？」といったメールを送り、そのあとメディアの方々からも「ありがとう。使ってるよ」という連絡が返ってきて、そこから個人的な付き合いも生まれていきました。

その結果、開化堂の茶筒は、バイヤーさんに仕入れていただくよりも前に、評判をつくることができ、「あのひとりでに蓋の閉まるやつね」と、バイヤーさんとも対等に話し合える関係が生み出せて、世界中に少しずつ知っていただけるようになっていったのです。

私たちのような小さな工房は、たくさん茶筒が売れたからといって、大企業になるようなことはありません。ですが、相手に対する想像力を駆使することで、海外において日本の大会社さんよりも知られることは、可能になるのではないかと思っています。

世界中で有名だけれど、小さい工房、小さい会社――。

これからの時代、むしろこのスタイルのほうが、次の代や次々代まで長く生存できる組織になるのではないかと感じますし、そのためには、自分たちの価値を正当に評価してもらう工夫が必要になるのだと思います。

単なるファンと「推してくれる人」の違い

海外において、自分たちの存在を浸透させていく。そんな海外の人たちから推してもらえるようになるための伝え方をお話ししてきましたが、ここからは、海外だけに限らず、推してくださる人を増やしていくために、開化堂として考えていることを述べていきたいと思います。

まずは、そもそもの「推してくれる人」とは何なのか、その概念についてです。

僕は以前、この「推してくれる人」というものは、「ファン」とは違うのだと、とある方と話していて教えていただいたことがありました。

なんでも、「ファン」は、遠くで見守っているような人たちであり、また、ときには見る相手や場所を変えて違う対象のファンになっていく人たち、という感覚なのだそうです。

一方、その方によると、「推してくれる人」というのは、もう少し密に、一緒に推し上がっていく存在なのだとか。辞書的な意味のうえではわかりませんが、僕はその話を聞いて、なるほどと思いました。

というのも、「GO ON」のプロジェクトでご一緒し、第1章でもお名前の登場した中川木工芸の中川周士さんも、別の言い方で同じような話をされていたからです。

中川さんは、いわゆる「推してくれる人」のことを、いい意味での「共犯者」という表現をされていました。

中川さんは、よく私たちの工芸を応援してくれる人が現れると、「もう工芸の共犯者だから、離れられないよ」なんて言って笑っていたのですが、つまるところ、「推してくれる人」というのは、単に私たちを受け入れてくれるだけではなく、共感してくださった私たちの世界観を、さらに一緒に広めていってくださる同志のような存在なのです。

ちょっと例を出してみましょう。

たとえば、私たちの商品である茶筒というのは、ペットボトルでお茶を飲むということと比較すると、すごくハードルが上がりますよね。

茶葉を買って、お湯を沸かし、急須に茶葉を入れ、お湯を注ぐ。

少し待って、湯呑みに注いで、いただく。

これだけでも、ペットボトルのキャップを回してゴクッと飲むより、お客様にしていただく行動量が増えるので、生活に取り入れてもらうことへのハードルは高くなります。

ただ、なぜそれでも茶筒に入れた茶葉から沸かすのがよいのか？

それは、ペットボトルにはないお茶を飲むことができるからです。手間はかかりますが、やっぱりおいしいんです。

そして、おいしい茶葉がある、そうするとそれをちゃんと保存したくなるんです。

そんなときに、開け心地がとても気持ちいい容器があるんです。

開けたときに、「あっ、おいしいお茶が飲める」と感じられる茶筒があるんです。

もちろん、そこに価値を見出さない方からすると、どうでもよいことでしょう。

ただ、そこに価値を見出してくださる方には、たしかに意味があり、そこに喜びがある。

その喜びをさらに誰かに伝えたくなる——。

これが、同じ世界観を共有し、一緒に気持ちよさや感動を体感する仲間の輪を広げていく、いい意味での「共犯者」の関係なのだと思います。


実際、私たちの茶筒は、お客様自身で使っていただいたあとに、また別の方への贈り物としてお求めいただけることが多くあります。それは本当にうれしいことです。

こういう喜びや感動に溢れる「共犯者」の方々に増えていただけるように、私たちは、開けたら心地よい、そしておいしいお茶が開化堂の茶筒を起点にして飲めるんだ、と体験してもらえる接点を少しでも多くしていきたいと考えています。

言葉を超えた形で、価値をシェアする

では、「共犯者」になっていただける人を増やすために、私たちは何をしているのか。

その一つが「見せること」です。

伝えるというのは、何も言葉でもって行なうことばかりが方法ではありません。

職人らしく、「見てもらって知ってもらう、伝える」というのも、私たちの仕事にとっては大事なやり方です。

すでに何度かこの本でも登場した実演販売というものも、まさにそんなふうに「どうやってつくっているのか」をお見せして、私たちのモノづくりについて知ってもらうプレゼンテーションの方法なのです。

こうした実演のできる機会というのが世界にはいくつかあり、大きいものではイタリアのミラノで開催される「ミラノサローネ」という国際的な工芸の展示会があります。

世界中のブランドや、家具会社、工芸品の職人やアーティストが集まる、一種のお祭りと考えていただいてもいいでしょう。

そこで、２０１６年に中川木工芸の中川さんとの2人展として、「ＳＨＯＫＵＮＩＮ」という展示と実演をさせていただいたのですが、僕はこれをもう一度開催したいと現在考えています。

第1章でも登場しましたが、職人は「見て覚えろ」の世界です。

それは、言葉ではなく、人間の身体を通して紡(つむ)がれてきたものなんです。

ですから、「共犯者」となっていただくお客様にも、ただパンフレットなどの言葉で伝えるだけでなく、実演や情報展示を通して五感から伝える必要がある。そうすることが、工芸や職人の価値を世界に対してアピールする一環になるとも考えています。

また、今、工房の六代目になって思うのは、「見て覚えろ」を本当の意味でさせてあげられるというのは、「見させて覚えさせる力」があってこそ、ということです。

工芸もそうですが、お寿司屋さんであれ、書道や茶道などの作法であれ、何かをものにした熟練の動きというのは、それだけでも見ている人に言語化できない価値を届けることができます。

一方、粗末なモノづくりをし、板についていないような動きをしていたなら、お見せしたところで、お客様の側で感じうるものは何も生まれてこないでしょう。

だからこそ、第1章、第2章でも述べさせていただいたように、つくるモノの質にこだわり、そのうえで言葉にならない自分たちの価値・空気感・世界観のようなものを、働く人みんなで纏（まと）えるようになっていくことに、とても意味があると思うのです。


人には、言葉で説明しても、理解できないことがたくさんあります。

それに、あえていえば、今の時代は「言語化」に重きを置きすぎたために、かえって言葉と言葉の間のニュアンスまで見ようとしない人も増えたような気がします。

でも、それだと、表面的に言語化できる範囲に縛られすぎて、表層的な物事の価値しか伝わらないように思うのです。それはさながら、音がクリアで正確なはずのデジタルCDよりも、ノイズやゆらぎ、人の耳に聞こえない周波数帯を含んだアナログレコードのほうが、多くの人を感動させることに似ているのかもしれません。

ですから、今回、本というツールを使っていますが、究極的な開化堂とお客様との間の理想の関係は、言語化しないで伝わることなのです。

時間がかかっても、ちゃんとお見せして、体験いただく。そうすることで、現代の生活の中でオフになってしまっていることが少なくないお客様側の感度のセンサーが、機能回復されることもじっくりと待っていく。

そのためにも、「感じていただいて……」の機会を増やしていかないと、伝わらないところは多いのです。

それを怠らないことが、「うまく説明できないけど、なんかいい」をお客様につかんでいただき、私たちの「共犯者」になっていただくことにつながるのだと思います。

「お客様」を超えた人付き合いの大切さ

ここまで「お客様」という言葉がたくさん出てきましたが、お客様に「共犯者」になっていただくということは、そもそもの「お客様」という形での認識さえも、超える必要があるのだと思います。

というのも、通常の場合、「お客様」というのは、商品に対してお金を支払っていただいたら、そこで切れてしまう関係性だから。たまたまその瞬間だけ、私たちと交差する点があったというだけなので、その後またお互いが交わることがなかなかないのです。

では、どんな関係性を目指せばいいのかといえば、ここでも「家族」と言いたいところですが、その日に来店くださったばかりのお客様と家族的な付き合いを築くのは難しいので、「友人」からなのだと思います。

たとえば、お客様のことを単なるお客様ではなく、「友人」と思って仕事をやり始めたら、もっとその人との付き合いをしてみようと考え始めないでしょうか？

そうしたら、「この人だったら、次はこういうものを提供してあげると喜ぶんじゃないかな」といった具合で、徐々に気づけることが増えてくるものなのです。

逆にそういったお付き合いをしていかなかったら、相手に対してどういうものをつくればいいのか、どんなサービスを提供してあげたら喜ばれるのか、という本質のところまで、到達できないのではないでしょうか？

考えてみると、かつての日本には、そんな家族・仲間のような関係性が、お客様との間にごく自然にありました。

電気屋さんでも、お米屋さんでも、何か用がなくても町の人たちが顔を出しては、「何かある？」「最近どう？」といった形で、人間同士としてのやりとりをしていたわけです。

そこから「こんなのほしいんだけど」という話も出るし、「こんなのほしそうだな」という察しもついてくる。かゆいところに手の届くモノがひらめく。

開化堂の場合でも、かつては行商でのやりとりであったり、今では海外で販売してくれる人たちとのＬＩＮＥであったりの中で、「元気？」「そっちはどうよ？」というコミュニケーションをしながら、ある日ふと商いが生まれたりすることがあるわけです。

もちろん、そんな関係性を築こうと思えば、１対10万というような規模での人付き合いは難しいでしょう。ですから、規模も自然と家族・仲間だと思える心地よい範囲に収束していくことになります。

ただ、それによって、細やかにやりとりができ、最初は「お客様」だった方が展示会や実演にまできてくださって、仲間・家族に近づいていく。親身に応援してくださったり、同志になってくださったりして、「共犯者」になっていくのです。

現代では、お客様と親密になろうとする会社さんが少なくなったように感じます。

しかし、本来お客様は数字でもなければ、購買データを取るための相手でもありません。データ化されてしまった「お客様」の中には、先程の「言語化」同様、文字や数値としては表現しきれない何かがそぎ落とされてしまっているのです。

そんな関係性からは、「共犯者」という名の推してくださる方々は現れてきませんし、人と人の関わりが不足した商いならば、その仕事をＡＩに取って代わられても文句は言えないのではないかと思います。

「お金で成り立つ関係」以上の何かを見つける

「共犯者」になってくださる方を増やしていくことができれば、メディアであり、口コミであり、自然とよい評判を広げていただくことができて、新たな「共犯者」を生んでいくこともできます。もちろん、近いからこそのご意見をいただくこともできます。

しかし、最初にそこまでの関係性を築くことは、なかなか簡単ではありません。

お客様が私たちを推したいと思える相応の何かがないと、自然と応援したくなるような気持ちは湧きませんし、その気持ちを湧かせることができなければ、結局「お客様」と「商品を提供する側」という関係性を超越することはできないからです。


そこで、僕自身、常日頃、どうしたらこの「お客様」という枠を超えて、「共犯者」になれるのかを考えているのですが、その方法論として一つ試しているのが、「お金という概念を外してみる」ことです。

人は、仕事に関しても商品に関しても、その価値をたいていお金に換算して考えています。でも、何かに対する本当の価値というのは、お金だけで決まるものではありません。

たとえば、商品一つとってみても、「これは安かったけれど、高価なモノよりずっと気に入っている」ということがあるはずです。

仕事にしても、もっと稼ぎのいい働き口はたくさんあるのに、自分の心地よさや楽しさを優先して今の仕事を選んでいる人は大勢いますよね。

つまり、お金は大事なものである一方で、人は金額の多寡(たか)という基準を超えて、感動を覚えたり、しっくりきたりしたときほど、長く愛着を持ってくださるのだと思うのです。

それは、いわば第2章で登場した、働いてくれる人たちに「心の賃金」を増やしていく、というのと同じベクトルの話です。

要は、お客様との間でも、何かをご購入くださる際に、「お金で成り立つ関係」以上のもの(=「心に貯まるもの」)を上乗せしていくことが、必要なのだと思います。


では、お客様にとって、お金ではない形で「心に貯まるもの」とは、何なのか。

たとえば、これは開化堂というより八木隆裕としての個人制作に近いですが、そんな見えない価値を探るべく、近年「リメイク缶」というものをつくり始めました。

これは、古くなって捨てられそうな、お菓子やココア、オートミールやトマトスープ等々、世の中にあるさまざまな空き缶やプラスチックなどを利用して、開化堂クオリティーのひとりでに蓋の閉まる缶に再生するプロジェクトです。

このリメイク缶は、当初、販売や譲渡はしていませんでした。ところがインスタグラムに写真や動画を載せたところ、いろいろな方から「ほしい」「売ってください！」と言われるようになりました。

でも、僕はここで、「お金で成り立つ関係」以上の何かを試してみたいと思って、「お譲りする代わりに、物々交換しませんか？」と提案してみたのです。

じゃあ、どんなモノをみなさんからいただいたのか、気になりますよね？

絵画を描かれる方からは、絵をいただきました。

写真を撮られる方には、写真を撮っていただきました。

スタイリストの方からは、簡単には手に入らないような洋服をいただきました。

なかには、特別なケーキを焼いてくださった方もいらっしゃいます。

また、いつも仕事で迷惑をかけている事務の方には、その感謝ということで、「もうそのままもらっておいてください」なんてお願いもしました。

そして妻には、ガムケースをつくったのですが、毎日有形無形の

リメイク缶の映像は、このQRコードから僕のインスタグラム上でご覧ください

ものをもらっているので、その感謝を込めました。

僕自身、この試みをやってみて、お互いの気持ちをとても感じることができました。「あの人がすごく考えてくれた！」「この人が労力をかけてくれた！」というものがそこに宿るので、「一点物のリメイク缶、大切にしてます！」「僕もいただいた洋服、大事に着ています！」というように、今まで以上に、相手の方々との連帯感が生まれたのです。

それは、単に「お金の支払いと受け取り」という関係の中だけでは生まれなかった、家族・仲間付き合いのようなつながりへの一歩でした。

もちろん、方法はいろいろあるでしょうし、何をするのかについても物々交換である必要はまったくありません。読者のみなさんにとって、マッチしたものでよいと思います。

ただ、形は何であれ、お客様に対して「心に貯まるもの」を上乗せしていく。

そうして、お互いの中に心に残るような交流が生まれることが、その後、いい「共犯者」として長く推していただけることにも、つながっていくのではないかと思います。

お客様の10年に思いを寄せる

お客様との間に推してもらえるような関係を育むということでいうと、先程のお金の話以外にも、「長い時間を意識する」ということが挙げられるかと思います。

というのも、その瞬間のインパクト勝負、というように短期的な視点のみで商いをしていると、家族同然で一緒に推し上がっていく同志であり続けることなど、不可能だから。

短期的視点だと、目立つ商品を発売できた際には、一時的にお客様が購入してくださるかもしれませんが、会社ごと推されているわけではないので、より魅力的な商品がよそで登場したら、お客様はそちらに飛び移ってしまうのです。

これでは、いつまで経っても、本当の意味でお客様に推していただけるようにはならないでしょう。

では、どうすればいいのかというと、僕が思う一つの方法論としては、「お客様との10年ということです。

ちょうど先日、とある化粧品会社の方とお話をしたときのことです。

「化粧品は使えばなくなるので、茶筒のようにずっと何世代も家に置いておくモノではないのですが、そういう消費財に対して『心に貯まるもの』を感じていただくには、どうしたらいいですかね？」という話になりました。

そこで僕は、「50歳のお客様に50歳向けのマーケティングをするのではなく、50歳のお客様が10年前の40歳の自分にこの化粧品を渡したい、と心から思えるような伝え方をするのはいかがでしょう？」と述べさせていただきました。

何か商いをする際、多くの会社さんは、今その場でどんな効果的な言葉やイメージを伝えられるか、その結果どうやって効率的に売上を出すのかばかりに、とらわれてしまうことが少なくないように感じます。

でも、「心に貯まるもの」というのは、そういうことではありません。

毎日肌につけるこの化粧品は10年使い続けても、大丈夫なものか。

毎日口に入れるこの食品を10年買い続けても、問題はないのか。

これから暮らし続けるこの家は、10年、20年後も快適さを保証してくれるのか。

遠からず年金暮らしに入るお客様にとって、この商品は10年後もよい価値のものであり続けてくれるのか。

そういったことに思いが至るようになることで、企業のモノづくりやサービスへの向き合い方が変わり、お客様側からしても「これは両親にプレゼントしたい」「娘にあげたい」というような、「心に貯まるもの」を感じてもらえるようになるのだと思います。

この安心感を届けるというのは、見方を変えれば、ある種の御用聞きのようなことなのかもしれません。

僕はかつてパナソニックさんと一緒にお仕事をさせていただいた際、「昔、町中にあったナショナルの家電屋さんを復活させてください」と頼んでみたことがあります。

もちろんすぐには無理なのでしょうが、かつては地域に根差した町の電気屋さんがあらゆるものを親身に修理してくれたから、一つの電化製品をずっと愛用することができました。いつもそのお店で安心して買うこともできました。

でも、今はどこの家電量販店さんに修理を依頼しても、「新しく買ったほうが修理するより安いですよ」と言われて、パーツの部品すら準備されないことも増えました。大きな買い物である車ですら、一つひとつのパーツ交換には対応してもらえず、アッセンブリー交換（まとまった部分ごとの交換）という形が多くなっています。

こういった、数年で買い替えることを前提とした使い捨て文化では、モノに対するありがたみは育たず、「心に貯まるもの」は喪失して、お客様も「あの会社の製品が好き」「推したい！」という気持ちにはならないのではないでしょうか？

寂しいことに、そのアンチテーゼとして、私たちのつくっているような何世代も使い続けられる商品に、「心に貯まるもの」を感じる方が多くなっているのでしょう。

でも、本来、伝統的なモノや工芸品でなくても、人は心に貯まる価値を感じられます。車であったり、時計であったり、あるいはファッションや家のインテリアであったりと、丁寧に愛用できるものがあるだけで、人生の充実感は変わっていくのです。

だからこそ、商う側が本気でお客様の10年、100年の時間を想像してコミットする。

そして、愛用される価値のあるモノを生み出すことで、推し・推される関係はもちろん、モノづくりから喜びや活力を社会に届けることさえも、可能になるのだと思うのです。

「お客様が商品の中に印象的に存在できる」ように伝える

「お客様の10年に思いを寄せる」に関連しての話ですが、「心に貯まるもの」をお客様に感じていただくにあたって商う側が気をつけたいことには、「独りよがりな伝え方をしない」ということがあります。

また、その中でも気をつけたいことは、伝え方の組み立ての問題です。

近年、マーケティングやブランディングの手法として、自社の歴史や文化、モノづくりへの姿勢を、ストーリー的に熱心に伝えるケースが増えました。

もちろん、僕もこれまで「らしさ」や世界観の話はしてきましたし、みなさんが熱心にモノづくりにかけている情熱は崇高(すうこう)なものですから、それを伝えること自体は悪いことではありません。

ただ、気をつけないといけないのは、自分語り一辺倒になってはいけないということ。自分たちの思いを伝えることばかりになりすぎると、一歩間違えたら、一緒に飲みにいくと過去の武勇伝を延々と話す、ちょっとしんどい上司のようになってしまうからです。

ですから、自分たちのことを話しながらも一歩引く。

最近は、企業PRのイメージ映像も増えていますから、「また物語仕立ての感動ものかな？」などと見る側に思われないように、伝え方は変えていく必要があるのです。


では、お客様に「心に貯まるもの」を感じてもらうには、どんな伝え方がいいのか。

僕の中の答えの一つは、「お客様自身が、その商品の物語の中に印象的に存在できる伝え方をする」ということです。

一例を挙げましょう。

僕が好きなネーミングの商品として、「アイランダーズブラックティー」というものがあります。これは、第3章で登場のポストカード・ティーズさんで取り扱われている商品で、朝が早いイギリスの島の漁師さんが目を覚ますためにクッと飲む、濃いめの紅茶です。

じゃあ、何がこの商品の伝え方として僕は好きなのか？

それは、この「アイランダーズブラックティー」という名前を聞くだけで、どんなふうに飲まれてきたのか、多くを語らずとも、イメージがすごく思い浮かぶことなのです。

実際、僕もこの紅茶に出会ったときに、少し早い朝に起きた自分が、イギリスの漁師さんたちに思いを馳せながら、お湯を注いで紅茶を飲む光景までイメージできました。

商品の背景にある文化や物語が自然と想像でき、それとともに自分が使っているイメージも浮かび、じんわりと「これ、ほしいな」と感じさせられていく。

これがまさしく、第1章にも登場した「物柄よきもの」なのであり、たとえその商品が消費材であっても、使用する人の生活の中に深く存在して印象に残り、購入する際にも「豊かなお金の使い方をできたな」とお客様が感じられることなのではないかと思います。

そして、もう少し述べてしまうと、こうした「心に貯まるもの」を届けられる伝え方というのは、何もストーリーテリングだけではないのだと思います。

たとえば、開化堂の茶筒は、水気を拭き取るなど、少しばかり取り扱いに注意がいります。でも、そのひと手間のケアが、かえって愛着を生んでいく。それはきっと、お客様を主体としたストーリーが、もう茶筒に対して始まっているからでしょう。

実際、茶筒を修理に持ってこられる方は、「これ、15年前に買ったんだけれども……」と、買った場所まで克明に覚えてくださっていることが多々あります。

対して私たちも、その持ち込まれた茶筒の状態から、お客様が使用している風景が想像できるので、お互いの話が盛り上がっていく。

すると、いつどこで誰が買って、修理が行なわれて、誰から誰に受け継がれた……というような、この茶筒の物柄も更新され、金銭的な価値は変わらなくても、思いが付加されて「心に貯まるもの」の価値が上がっていくのです。

つまり、ときには「修理」という工程だって、直接的なストーリーテリング以上に雄弁に、お客様に得難い価値やイメージを届ける伝え方になりうる、というわけです。

ですから、自分の商うモノを伝える文脈の中に、どうしたらお客様の生活を印象的に存在させられるのか、ぜひみなさんにも考えてみてほしいと思います。

たとえば、書籍であれば、ネット書店で評判を見たり、過去の傾向からＡＩに勧められてワンタップで購入したりするのは、たしかに効率的です。

でも、社会がその便利さに走れば走るほど、ふと人生に悩んだ際に立ち寄れて、「これは私のためのものだ!」と運命的な出会いをくれる本屋さんは素敵に感じないでしょうか?

今の話を読んで、久しぶりに本屋さんに行きたいなと、自分の中で本屋さんが少し印象的に存在し始めなかったでしょうか?

また、家電の世界であれば、「この洗濯機なら、こんなに白くなる」という宣伝が多くありますが、その伝え方だと、より白く洗えるか、安くするかの競争に巻き込まれますよね。当然、商品サイクルはどんどん短くなるし、自社を推してもらえるようにもなりません。

であれば、各社が洗濯機の開発を頑張る中で、あえて自社の既存の洗濯機を使ってのよい洗い方や効果的な洗剤の使い方、頑固な汚れの落とし方をレクチャーして発信する。

もし、それがすごく使えるノウハウで、そのメーカーさんの洗濯機でしかできないニッチな機能だったら、次買い替える際も同じメーカーさんにしたくならないでしょうか?

そもそも、そんな生活に親身なメーカーさんほど推したくならないでしょうか?

そういったことを気づかせ、感じさせてくれる伝え方が、本屋さんという場所に売りものの書籍の価値以上の「心に貯まるもの」を生み出し、消費財のメーカーさんであっても消費されないお客様との強い絆(きずな)をつくる、本当の意味で印象に残る方法なのだと思います。

だからこそ、つくり手は自分中心になるのでなく、お客様とコミュニケーションをとっていくことが必要になります。

そういった考えもあって、開化堂も実演販売などでお客様と直接触れ合うことを重んじていますが、今は対面以外でもＳＮＳやYouTubeなどでお客様とコミュニケーションをしていく手段はいくらでもあるでしょう。

自分の物語を商品に反映させるより、お客様の物語を想像できるようにする。そのためにも、ぜひ自分語りだけではなく、お客様の物語を取り込んでみてください。

無理に買わせない、説得しない

お客様との間で、推し・推されるという関係性を育てていきたいと思う際、その間柄を一気に壊しかねないのが、売り方の問題だと思います。

僕は、「ビジネス」「商業的」「マーケティング」という言い方があまり好きではありません。なぜかというと、よくそういうワードが出たときに、少しネガティブなイメージがその言葉に乗ることがあるからです。

「ビジネス」「商業的」という言葉は売る側からの視点が強く感じられ、「マーケティング」という戦略で売ることで作為的にお客様からお金を奪う、という感覚がどうにもつきまといます。

それが、僕の目指している、お客様との間での同志のような関係性とは異なるのです。

では、同志という関係性の中で行なわれる商いとは何なのかといえば、それは「ギブ&テイク」ではないかと僕は思います。

たとえば、昔のお商売には、「損して得とれ」という考え方がありました。

「去年、この人から得をとらしてもらったから、今年はこの人に得をとっといてもらおう」「あの人に得をあげたうえで、最終的に自分たちのお商売もプラスで終わったらいいよね」というような感覚が共通してあったのです。

もちろん、損ばかりではこちら側も食べてはいけないわけですが、これが売上至上主義になって奪うことばかりになると、「テイク」しかなくなります。

するると、不思議なもので、そういう場所からは人もお金も逃げていってしまうのです。

ですから、自分たちの生活のための売上はちゃんと確保しながらも、お客様に「得したな」と思っていただけなくてはいけません。

そのためには何が必要か――。「売ろうとしない」ことなのです。


開化堂の茶筒は、サイズにもよりますが、1万円台の中盤〜3万円台まであります。

僕としては、施している工程の数、かけている職人のエネルギーもあるので、自分たちを安く見せるのでもなく、高く見せるのでもない形が、現在の値段だと思っています。

ある人はこれを高いと感じ、また別の人は安いと感じるでしょう。

そこで、少しでも「高いな」と感じている人には買わせてはいけないし、説得しようとしてもいけません。どれだけうまく説得しようとも、それは回りまわって、お客様の中で「買って損した」「無理に買わされた」というネガティブな思いとなってしまうからです。

なので、売ろうとするのではなく、あくまで説明にとどめる。

そして、「これは得した」「ほしい」と、自然と思ってくださった方にだけ届けて、その対価をいただく。

ビジネスとして考えたら効率が悪いことこのうえないですが、そういう発想でやっていたのが職人の商いであり、私たちは最大限「テイク」を大きくしなきゃいけないと思う必要はないし、したくない「ギブ」をする必要もない。

ただ無理のない範囲で「ギブ」をやり続けていけばいいし、その結果としてずっとやってこられたのが、150年という結果なのです。

だから、お客様からどうやって対価をいただくのがよいか、自分たちの商品が高いのか安いのかで迷ったときには、相手から奪いすぎず、自分たちも犠牲にしなくてよいところで、値づけを考えればいいのだと思います。

それを考えたうえで、もし今の値段よりも上げることがふさわしい、材料費が高騰(こうとう)しているから上げざるをえないなどと思えば、既存のお客様には丁寧にきちんと説明をする。

それができていれば、万が一、目の前のお客様が離れたとしても、ちゃんとみなさんの価値をわかってくださるお客様が、ついてきてくれるようになると思います。

ブームにせずに、自分のローカルエリアをつくる

ここまで、自分の会社や工房を「推してくれる人」というのは、どうしたらつくることができるのか、特にそのための伝え方について、多くのページを割いてお話ししてきました。

ただ、伝えることが大事な半面、気をつけなくてはいけないこととして述べておきたいのは、そうして引き寄せられてきた方々を何でもかんでも取り込めばいいかというと、それもまた違うということです。

開化堂の例でいうと、海外の展示会に頻繁に出ていた頃、徐々に知名度が上がっていくにつれて、取り扱いたいと言ってくださるバイヤーさんが増えていきました。

茶筒が売れなくなっていた昔を思えば、それ自体はとてもありがたいことです。

ただ、この知名度の上昇というのは少し厄介で、茶筒がよいモノだと思うから取り扱いたいという方々も増えた一方、「とりあえず、これ売れてるみたいだから、オーダーして帰

るよ」というバイヤーさんも増やしてしまうこととなったのです。

そうした、心からよいモノだとは自身で思っていないのに購入される方が増えると、どうなるでしょうか？

私たちの場合であれば、そういったバイヤーさんが増えれば、お客様にちゃんと価値を伝えていただけなくなります。丁寧に茶筒が届けられなくなる可能性が上がります。

その結果、購入されたお客様からも不満が出やすくなるかもしれませんし、そのバイヤーさんから購入されたお客様が、私たちを「推してくれる人」として、新たな仲間・家族になってくださることは、ほとんどないでしょう。

評判が大きくなってブームのようになれば、短期的には売上は増えますが、望まない形で消費もされてしまいます。「90年代に流行した……」というように、流行った時点の年代のイメージもついてしまいます。

それは、長い目で見ると、普遍的な価値としてお届けしたい自分たちの世界観を壊してしまうことにもつながりかねないのです。

ですから、「売れてるみたいだから、オーダーするね」というバイヤーさんが増えてからは、僕は逆に海外の展示会に出展する回数を減らしました。

もちろん、完全に行かなくなれば忘れ去られてしまうので、ゼロということはありませんが、今は「開化堂を知られたい」というよりも、「開化堂の歩み方はこれでいいんだよね」という確認のために海外に行く気持ちでいます。

そして、出ていく頻度を減らした分については、自分たちの京都の工房併設の店舗における商いに力を入れることにしました。あえて、京都に引っ込むことで、国内外問わず、本当に茶筒をほしいと思ってくださる方々は京都まできて、直接私たちの話を熱心に聞いてくださる、ということもわかったのです。


こうして、社会や人との関わり方を少しずつスライドしていく中で、浅くて広いお付き合いではなく、決してたくさんではないけれど、私たちのことを本当に理解して、家族のように迎えてくれる方々との関係性が芽生えてきているように思います。

それは、世界にできた家族のような友人たちを見渡してみても思います。以前は、日本と海外の「違い」ということを意識することが多かったのですが、むしろ「共通性」に気づくことが増えてきたのです。

日本であっても、開化堂の茶筒に興味がない方はたくさんいる一方で、逆に海外であっても、開化堂の茶筒や世界観に興味を持ってくださる方はたくさんいる。

日本人同士でも馬が合わないことはあるけれど、はじめて会った海外の人といきなり意気投合してしまうこともある。

職人の世界でも、中川木工芸の中川周士さんは、「世界で出会う木工の職人さんたちみんな、不思議と同じ体型をしてて、考え方も似てるし、なぜかしゃべり方も似てる。たぶん使ってる素材が似るから、似た思考になっていくんだろうな」とおっしゃっていました。

つまり、どこの場所か、どこの国か、どこの国籍の人か、という物理的なエリアではなくて、本当の意味で感性を共有できる人たちと、自分にとってのローカルエリアを築き、その方々と大事に心地よく商いを営んでいくことこそが、これからは重要なのです。

私たちと思いを一つにしてくださる方々と、熱量高く密度の詰まった関係を生み出していく。そこで醸成された空気や世界観が、また新たに共感してくださる人に伝播(でんぱ)していく。

それが企業や工房が、お客様や取引先の方々と一緒に、長く続いていくことができる「推し・推される」関係なのではないかと思います。

「推してくれる人」とともに、変わらずに変わり続ける

この章では、自分たちのモノづくりや世界観を推してくださる方々を生み出すには、どうしたらいいのかということを、僕なりの考えなども含めてお伝えしてきました。

時代の先端を走るような産業というのは、さまざまな技術革新が起きますし、それを逐一追いかけていかなくてはいけません。それは、スピードを競う争いでもあり、常に気の抜けない死に物狂いの戦いともなるでしょう。

もちろん、そうしたビジネス観を一様に否定するわけではありません。

ただ、機械ではない人間としては、どんな時代になっても、人間らしい速度と在り方での商いのやり方があっていいと思うのです。

そして、その思いが、相手の日常を本当に考えた伝え方をすることや、利益を強引に奪い取るような売り方をしないこと、商品の価値以上に「心に貯まるもの」を上乗せするこ

と――といったコミュニケーションを通じて、「推してくれる人」たちと一緒に長く続けていける私たちの商いとして、今、実を結んでいるのだと感じます。

では、そうしたお客様との間に連帯感を生むことができた結果、これから先も長く続く商いをしていきたいと願うとき、重要になることは何なのか。

僕は、それが「何を守り、何を変えていくのか」ということになるのだと思います。

長く商いを続けるということは、開化堂であれば創業以来変わらない茶筒のように、お客様からも期待され、企業価値としても軸となる部分を、変わらずに守っていくことです。

しかし、その一方で、私たちも売り方が変わっていったり、茶筒以外にもパスタ缶や珈琲缶をつくったりしたように、状況に応じて変わることが必要になる場合もあります。

だとすると、どこまで変えていいのか、どこからは変えてはいけないのか。

これは、気づかぬうちに「推してくれる人」を裏切ってしまったり、変えないことに固執しすぎるあまり手遅れになったりしかねない分、「らしさ」や世界観を重要視する企業や工房にとって、とても繊細な問題なのです。

そこで、次の最終章では、この点について私たちの考えをお伝えできればと思います。

第5章

長くゆっくりと繁栄していくために

「変えていくもの」と「守るべきもの」を吟味する

長いスパンで商いというものを見ていくとき、そこには「変えていかないといけないこと」と「守っていかないといけないこと」があります。

たとえば、世の中の変化を受けて、今までのビジネスが難しくなってきたとしましょう。このままでは商いは立ち行かない見通しとなりました。

そんな状況にあって、企業によっては、今までの分野をやめて業態転換を図ったり、材料原価やサービスの質を落として低価格路線に舵を切ったりするケースもあるでしょう。

そうした施策がはまり、一度V字回復するケースもあるかもしれません。

しかし、このように自分たちの本質を簡単に大きく変えてしまうことは、「長く続く仕事」という観点においては、あまりお勧めではありません。

なぜなら、質のよい商品を愛してきたお客様が低価格路線への転換によって離れ、慣れない低価格帯でのお客様からの支持も得られない、というような事態もありえるから。そうなってからでは、これまで築いてきた価値を取り戻すことは容易ではないのです。

であれば、いきなりすべてを変えるのではなく、自分たちにとって「何を変えるのはよくて、何を変えてはいけないのか」をしっかり見つめることから、始めるのがよいのではないでしょうか。


開化堂の場合でいえば、何かを変えようと考える際に思いつきやすいのは「茶筒をつくり続ける工房」という本質そのものから変えてしまうことでしょう。

これは具体的には、「急須でお茶を淹れる人が減ったので、茶筒づくりをやめよう」「時代に合わなくなった茶筒づくりは完全に捨てて、お皿やコップなどのテーブルウェアで勝負しよう」といったことです。

でも、そうやって本質からすべてを変えた結果、現実に起きることは何でしょうか？ 社会状況を鑑(かんが)みれば、仕方のないことのようにも思えます。

少なくとも、これまで応援してくださったお客様の信頼には応えられなくなるでしょう。そうなれば、せっかく開化堂を推してくださった人たちもいなくなってしまいます。

また、手づくり茶筒を完全にやめてテーブルウェアに転じれば、数ある生活用品メーカーさんと同じ土俵の上に立ち、しかも後発の立場で商いを挑むことにもなりかねません。

つまり、安易に本質を変えることは、制限を取り払い自由に商いができるようになったかに見えて、実はアイデンティティーと独自性を失わせ、自らの首を絞めている、とも言えるのです。

ですから、変化が必要だと感じる際も、いきなり今までの根幹を捨てることはしない。実際、僕が家業に戻り、修業期間を経たうえで変えたことも、茶筒づくりそのものではなく、「商う相手がB to Bの企業さんに偏っていること」「日本国内だけで売っていること」「茶筒としての伝え方しかしていないこと」などの点でした。

それまでの固定観念を外せば、商う相手をB to Cのお客様に広げ、海外へも地道に進出し、茶筒を「モノを保存するのによい入れ物」として伝える、といった根幹でない部分の変化で、茶筒づくりという本質は守りながら、商いを再び盛り上げることはできたのです。

世の中ではよく、「伝統とは革新の連続だ」と言われます。

でも、「革新」という言葉は、過去を捨てて改革していくニュアンスを感じるので、どうも好きになれません。それまで続けてきたことが途切れてしまうように思えるのです。それでは、長く繁栄していくための土台は、いつまで経っても固まりません。

なので、僕は何か変化を考えるときでも、抜本的な「革新」ではなく、一歩ずつの「進化」を選んで、守るべき本質的な価値は失わせずに、次の世代につなげていきたい。

時折、海外に出て商いをしてみると、自分たちが迷った際に立ち戻れるしっかりとした根っこがあることが、いかにありがたいことなのかを改めて感じます。

だからこそ、簡単にこれまでの本質を捨てるのではなく、守りながら少しずつ状況に合わせて進化させられないか、そこを見つけていくことが大事ではないかと考えています。

自分たちの起源を知る

「守るべき本質的な価値は安易に変えない」といっても、そもそも自分たちが守るべきものにどれくらいの価値があるのか、まずそこがわかっていないと守りようがありません。

では、どうすればいいかといえば、自分たちの会社や工房の起源、自分が携わる仕事や業界の歴史を知ることではないでしょうか。

そこで、第3章でも少し触れましたが、僕はイギリスに行った際、ロンドンから6時間離れたコーンウォールという町を訪ねることにしました。

ここに来たのは、世界遺産にもなっている錫鉱山があるからです。20世紀末に鉱山としての歴史は閉じていますが、かつてイギリスの産業革命を支え、明治時代に開化堂にもたらされたブリキの原料の錫も、このコーンウォールで採掘されたものでした。

現地では、その昔、この鉱山で働いていた鉱夫さんの話も聞くことができましたが、当時は10歳前後から鉱山に入っていた男子も多く、過酷な労働条件で鉱夫の平均年齢は28歳ぐらい。ほとんどは長生きができなかったそうです。

それでもコーンウォールで採れる錫の品質は高く、世界で重宝されていました。

後年、時代の波もあってアジアなどの安価な錫に市場を奪われてはいきますが、自らが採掘してきた錫のことを誇り高く語る元鉱夫さんの言葉は、印象強く僕の中に残っています。

思い返してみれば、そんな貴重な金属を初代が手に入れたことから、私たちの歴史は始まったわけです。

150年近く変わらずにつくってきた茶筒ですが、もとをたどれば、そんな新しい舶来品の金属に惹(ひ)かれたことによって生まれたベンチャーが開化堂でした。

見たこともない遠い国に思いを馳せ、研究を重ねながらブリキ製品をつくる工房としてスタートし、二代目からは茶筒のみに全身全霊をかけて手づくりを続けてきたのです。

そんな創業期の思いや歴史に触れれば、開化堂が創業時と変わらないオリジナルの茶筒づくりから離れてしまうことは、初代や二代目が持っていた先見性やチャレンジ精神をないがしろにし、自分たちのモノづくりの根幹を失わせてしまう気がする。

どんなに時代が変わっても、僕がオリジナルのままの茶筒づくりにこだわるのは、そこに理由があるのです。

「過去のことは過去のことだといって片づけてしまえば、それによって、我々は未来をも放棄してしまうことになる」

これはウィンストン・チャーチルの言葉ですが、「新しいことをしたい」とか「仕事を変革したい」という人ほど、まずは自分の仕事の起源を知ることからだと思います。

どんな業界でも過去を振り返れば、そこにはさまざまな人が現状を変えようと努力し、世の中に対してチャレンジしてきた長い歴史が存在しているはずです。

そんな精神を受け継ぐことができないのであれば、どんなビジネス業態に転換を図ったとしても、いずれは時代の波に追い越されてしまいます。

変えていくことを望む人ほど、まず変えてはいけない核を見つけることから始める必要があるのです。

変えるときは、欲からではなく、「心地よいか」で

本質を守りながら、進化させていく。

そのためにも、自分たちの起源を知ることが大事だと述べました。

しかし、その一方で、先程私たちが商い方や伝え方を変えたように、本質以外のところでの変化というのは、長く同じことを生業とするうえで必要になる瞬間はあるでしょう。そんなとき、どこまでが「進化」で、どこからが培ってきた価値を変えてしまう「革新」なのか。たとえ枝葉の変化であっても、それまでの評判やイメージを傷つけかねない可能性もあるので、判断はなかなか難しいものです。

実際、私たち開化堂も、茶筒づくりという本質は続けながら、「茶筒」という領域を少し出るようなチャレンジを始めていますが、その際の判断は悩むことも少なくありません。そんな中で、パスタ缶や珈琲缶、お菓子缶にウォーターピッチャー、一輪挿しなどの少しアレンジを利かせた商品たちを生み出してきました。

また、蓋の開閉が音のON・OFFと連動し、蓋を持ち上げると掌（てのひら）に伝わる振動と一緒に音を感じられるBluetoothスピーカーの「響筒（きょうづつ）」（P5をご参照ください）といったプロダクトも、パナソニックさんと共創するようにもなってきたのです。

では、こうした今までの領域から少し出てチャレンジする部分というのは、どこまでが

ＯＫで、どこからはＮＧなのか？

どんなコラボの依頼まではお受けしてよくて、どこからはご遠慮させていただくのがよいのか？

今の僕が思うその判断基準は、組織を背負える自分になって考えたときに、「この新しい変化は、心地よいものなのか、悪いものなのか」というポイントです。


もちろん、ここで言う「心地よさ」の判断は、何の経験もない状態の自分（僕でいえば家業に戻って早々のタイミング）では正しくできません。当時の僕では、守るべき開化堂の「らしさ」について、腹落ちできていなかったからです。

でも、何年も修業をして、周りの人からも「一人前になってきた」と認められ始めたときには、「開化堂にとってやっていいこと、いけないこと」の案配をかなりつかめるようになってきます。

すると、開化堂の価値を壊してしまうような事案が目の前にきた際には、「ちょっと違うな」「この道を進むのは危ない気がする」という違和感となって教えてくれるのです。

人には、多かれ少なかれ、成功への欲や自己承認欲求、自己顕示欲などがあります。

もちろん、それが何かをする際のパワーの原動力になることもあるでしょう。

しかし、その欲が目を曇らせ、後戻りできない方向に会社や工房を導いてしまうことも少なくありません。

だから、欲からではなく、「心地よさ」や「心地悪さ」「違和感」から判断する。

長く商いを続けていくためには、こうした感覚を研ぎ澄ませて、変えること・守ることを検討していく必要があるのです。

「長い時間軸」を意識する

では、そうした自分たちの会社や工房にとっての「心地よさ」の感覚は、どうすれば研ぎ澄ますことができるのでしょうか?

僕の中での方法は、「長い時間軸を意識する」というものです。

そもそも僕は、「心地よい」という感覚は、現在の自分の視点だけによってつくられるものではないと思っています。

たとえば、一人の人間であっても、どういう考え方・感じ方をするようになるかは、出会ってきた人、育ててくれた人などの影響を多分に受けていますよね。

多かれ少なかれ、そうした人たちから引き継いだ感覚をもとにして、今、みなさん自身にとっての「心地よさ」は判断されています。

それと同様に、会社や工房といった立場から考える「心地よさ」というのも、今の時点だけを見ていてはわからないものなのです。

開化堂の場合でいえば、初代から五代目までの時間が地層のように重なり、受け継がれてきたことで、「これは開化堂らしいよね」「それは開化堂としては違うな」という感性が磨かれてきました。僕は修業を通してその感覚を体得し、六代目となっています。

でも、もしそうした基準なしに、近視眼的に物事を見ていたらどうでしょうか。

僕だって、ブームに踊らされたり、「他社もやっているから」などと、よその動きに惑わされたりするかもしれません。

その果てにあるものは、目先のちょっとした利益と引き換えに、自分たちの商いにとっての守るべき価値を壊してしまうことだったりするでしょう。

ちなみに、この「長い時間軸」を意識する感覚は、海外においても通じるようです。

以前、19世紀からシャンパンをつくり続けている「クリュッグ」の六代目のオリヴィエ・クリュッグさんとお話をさせていただく機会がありました。

その際、僕は新しい商品をつくるかどうかの迷いを打ち明けたのですが、クリュッグさんの答えは「初代に聞け」でした。

なんでも、クリュッグさん自身もかつて「今、このシャンパンをつくっていいのか」と迷った際、過去の資料を調べていて、19世紀にシャンパンづくりを始めた初代のメモにたどりついたそうです。

しかも、そのメモに記されていたレシピが、自分が今つくろうとしているシャンパンと同じだったとか。

このことで、自分が進もうとしている道が正しいのかどうか、クリアになったそうです。

自分一人の視点というものは、ブレやすくもあり、そのときのコンディションなどの影響を受けて判断を誤ることもあります。

ですから、今の自分だけの視点ではなく、先祖の目や自分の会社のDNAなど、過去からの長い時間軸の力も借りること。

そういったことによって、自分たちにとっての「心地よさ」とは何かを見極めていくことも大切なのです。

「未来への時間軸」も意識する

「過去からの力を借りる」という話を読んで、「うちの会社は自分が始めたから、そんなものは持っていない」と思われた方もいるかもしれません。

でも、そういった企業さんにも、「長い時間軸を意識する」という基準は有用です。というのも、この基準は過去だけでなく、未来に向けることでも、力を発揮するからです。

たとえば、今の商いの本質はそのままに、何かを少しアレンジして新しいことも加えたいと考えたとき、「自分がそれをずっと続けていけるのか」と自問することは、とても意味があります。

なぜなら、「自分がずっと続けていける」と思えることは、自分にとって自然体なことだから。それこそ自分の先祖などから受け継いできた、みなさん特有の「心地よさ」の感覚に沿っていることなのです。

逆にいえば、時流に合わせるだけの商いだと、判断基準が外側にしかないので、自分にとって不自然なことになりやすい。自分の中に喜びなども生まれづらく、結局どこかで無理が生じて長続きしないのです。

ですから、過去だけではなく未来まで含めて、長い時間軸を意識して判断をしていく。もし、「自分がずっと続けていけるのか」の基準がピンとこない人は、「孫の代にまでこの仕事を残したいかどうか」という基準で考えてみるのでもいいでしょう。

実際、京都の宇治で400年間も続いている朝日焼という窯元さんでは、祖父の掘った土を寝かせ、数十年後にその土を使って孫が作陶しているそうです。

当代は「GO ON」プロジェクトの仲間でもある松林豊斎さんですが、彼に「今掘った土と、おじいちゃんが掘った土は、やっぱり違うん？」と聞いたことがあります。するとと、松林さんは「成分的なものとかは同じじゃと思う。でもこれはおじいちゃんが残してくれた土なんだと思ってつくることで、何か今の土とは違うものになる気がする」と話してくれました。

そして、そんな当代も、祖父の掘った土で自分の作陶をする傍らで、未来の孫の作陶のために、今土を掘っている、というわけです。

僕もそうですが、実際にまだ見ぬ孫が家業を継ぐかどうかはさておき、「孫に誇りに思ってもらえるような仕事にしよう」という視点に立てば、多少の挫折があっても、ずっと頑張り続けようと思えるものです。

そうなれば、「売上のために仕方なく……」といった思考にはならずに、心地よいモノをつくり、心地よい職場環境を生み出し、心地よい相手先との関係を築いていこう、できうる限りよいモノを後世に残していこう、という前向きな発想に転じていきます。

そういった姿勢が、一般的な売上や規模などの成長とは違う形の、ゆっくりと長く持続する繁栄へとつながっていくのではないかと思います。

劇的な変化はいらない

本質的な価値は守り、変える場合も会社・工房としての「心地よさ」を意識しながら、「長い時間軸」というフィルターを通して判断をしていく——。

そう言われると、まったく新しい自由なことができなくてがんじがらめ、という印象を受けた人もいるかもしれません。

ただ、実際、長く続くものというのは、変わることよりも変わらないことのほうが大切で難しいことでもあり、そもそも劇的な変化などはいらないのだと僕は思います。

たとえば、開化堂の場合でも、最初に海外での実演販売をして反響があったときというのは、ものすごい変化が訪れたような気になっていました。

ところが、今、冷静に振り返ってみれば、そこでの売上増はわずかでもありましたし、それほど目に見える変化を起こすことは簡単ではなかったのです。

でも、それからの私たちは、その瞬間だけで大きな変化を求めたり、ビッグチャレンジをし続けようとしたりするのではなく、ただ目の前のことに一所懸命に精力を注いでいきました。

その結果、20年くらいの歳月を経て、私たちが伝えたかったことは明らかに伝わり出しましたし、少しずつ着実に目の前の現実が変化してきています。

私たちの発信に賛同してくださるお客様は増えましたし、リピーターの方も増えてくださいました。そういったお客様の紹介で新たにお客様になられる方も増えてきています。

結局、意識的に起こそうとする単発的な大きな変化ではなく、地道な継続によって、たしかな変化と着実な成果は生まれてくるものなのです。

もちろん、「世の中を変えよう」と奇抜なことを目指すのも一つの方法でしょう。

しかし、今までやってきたことを否定して改革していこうとすることは、振れ幅も大きく、エネルギーもとても必要になります。

そうなれば、小さな会社では予算的にもやれなかったりしますし、やれたとしても大きな売上が必要になってくる。なのに、経費も大きくかかって全然プラスが残らない、ということにもなり、結局頓挫（とんざ）してしまう。

劇的な変化は、麻薬のように、一時の興奮やハイな気持ちをもたらしますが、実はものすごく自分たちを消耗（しょうもう）させることでもあるのです。

であれば、強引に変化を起こそうとせず、売上額や会社を大きくするのでもなく、小さい規模のままで今までの生業やキラリと輝く技術をコツコツと研ぎ澄ましていく。

丁寧に長い時間をかけるほど、それに見合った結果が長い時間をかけて返ってきてくれますし、一瞬で広がって一瞬でしぼむブームではなく、じわじわと放射状に普遍的なものとして広がっていってくれます。

それこそが、小さい会社や工房が、大企業以上に世界で知られていくことにもつながりますし、疲弊せずに末長く繁栄していくルートに乗る方法ではないかと思うのです。

小さな反復横跳びを楽しむ

劇的な変化を目指すのではなく、小さな変化を重ねていく。それが年月を経て、気づけば、大きな変化となっている。

ゆっくりと繁栄していくということは、つまりそういうことだと思っています。

私たちでいえば、150年近く、手作業でブリキの茶筒をつくり続けてきました。

これを足かせや制限ととらえる人もいるかもしれません。「クリエイティブな仕事をしたい」と思う人からすれば、大きな変化がないので退屈で窮屈なものに見えるでしょう。

しかし、その制限があるからこそ、その中でできることを攻めていく面白さがある。

たとえば、祖父や父の代には、それまでブリキだけだった素材を銅や真鍮にまで広げ、私たちの技術やモノのよさはそのままに、風合いの幅を広げてきました。

また、私の代では、茶筒づくりに用いる技術はそのままに、直径や高さを変えてパスタ缶や珈琲缶をつくり、筒の内側に変わったつまみをつけて開けた際に笑顔になるような仕掛けも施し、注ぎ口をつけることでウォーターピッチャーをつくることもしてきました。

　これらは本当に微妙な変化で、周りからすれば、うちの工房は150年の間、ひたすら同じモノをつくり、商っているところに見えるでしょう。

　でも、ある人が言ってくださいました。

「遠くから見てると本当に保守的な工房だと思っていたけど、近づいてみるといっぱい面白いことやってるんだね！」と。

　わずかなところですが、それでも自分のアイデアで、長い伝統や開化堂らしさの中に、ほんの少し自分の個性を反映させる。案外これは面白く、やりがいのあることなのです。

　僕は、よくそれを「反復横跳び」にたとえています。

　イメージとしては、一列に茶筒がずーっと並んでいるところの上を、金属の素材を変えてみたり、高さを変えてみたり、直径を変えてみたり、少し装飾を施してみたり……と細かく小さな反復横跳びをしているようなものです。

　その反復横跳びをするうちに蓄えられたエネルギーによって、一直線に並んだ茶筒のラインナップ全体がさらに少しずつ前へと推し進められていく。いろんな入口から、新たなお客様に知られていく。

そしてまた、一列の茶筒の直線の上に微振動が生まれていく――。

この揺れの一つひとつが、それぞれの代が生み出す個性であり、変化に相当するものになります。変わっていないようでいて、微振動をして変わりながら、ほんの少しずつだけ前進する。それはもう、保守的で同じことだけをしている工房、とは言えないでしょう。


今のビジネスは、目立つこと、大きなプロジェクト、大金を生み出せることが、よしとされている時代だと思います。短期的に見れば、とても素晴らしいことでしょう。

ただすごく長期的に見てみると、違うやり方もあるのではないかと思うのです。

小さな微振動のような反復横跳びを生みながら、次の代やその次の代も無理なく続けていけることがよしとされる世の中、というのもあっていいのではないでしょうか？

僕は、長いスパンでやっていく小さな反復横跳びにこそ、商いの繁栄と面白さの両立を見出せると感じています。

「Kaikado Café」をオープンした意味

2016年、私たちは「Kaikado Café」を京都の河原町七条にオープンしました。形だけ見れば、これまでの茶筒づくりとまったく別種の仕事に見えますが、それでもこれは小さな反復横跳びを繰り返してきた結果、本業の延長で生まれたものと考えています。というのも、私たちの茶筒のよさを知っていただくためにも、開化堂の茶筒で保存された茶葉や豆で淹れた日本茶・紅茶・珈琲を味わってもらい、工芸を使うという体験をしてもらうのが一番だと考えたからです。


僕はもうすぐ50歳で、長女も18歳を超えて成人を迎えました。

これから先を考えたときに、今の20代、30代に工芸を理解してもらう必要があります。

でも、そのためには、「伝統工芸」の中に収まっていては、まったく身近になりません。

それよりも、経験してもらえる場所、時間を共有することが一番だと思いました。

だからこそ、カフェを始めたとき、マニュアルをつくってほしいと言われましたが、僕は「ごめんなさい、できません。その代わり、ただ一つだけ。このKaikado Caféは開化堂の応接間のつもりでお客様を迎える、ということだけは守ってください」と伝えました。

それこそコンセプトは、この本で再三お伝えしてきた通り、「家族のように付き合えるお客様を招く」こと——。

たとえば、家族同然の付き合いがある友人が、外から自分の家に向かっているのが見えたら、相手がくる前にドアを開けて迎えますよね。

家に招いたら空いている一番いい席を案内するし、メニューを持っていったら、自分がおいしいと思っているものや、今売りになっているものを紹介したくなる。

だから、そんな感覚で自分らしく自然体でもてなしてもらい、お客様に工芸を身近に感じてもらえるようにやってほしいと、カフェで働いてくれる人たちにお願いしたのです。

もちろん、カフェにきた人がみんな、茶筒などの商品を買ってくれるほど、簡単に結果は出ません。むしろ、訪れる人の多くは、開化堂のことを知らずにきています。

それでもチーズケーキの写真に「#もともと茶筒屋だったらしい」なんていうハッシュ

タグがついているだけでも、世の中の人に知ってもらうきっかけにはなるわけです。別に大きな告知を仕掛けるわけではない。基本的には紹介の連鎖で、少しずつ進化を遂げていけばいいのです。それが長い繁栄を築くためのコツではないか、と感じています。

そうして、開化堂を知ってくださった人たちに、いつの間にやら「心に貯まるもの」を感じてもらうことができたらいいなと思っています。

周りの人に相談することの重要性

小さな反復横跳びをしながら、必要なところを少しずつわずかにだけ変えていく。

その結果、Kaikado Café にまで行きついたわけですが、もちろん「開化堂らしさ」から逸脱しないかに気をつけていても、自分の判断だけではズレてしまうこともあります。

そうならないためにも、日頃から信頼している人たちの声を聞くことが重要なことだと考えています。

たとえば、親父の時代だと、曾祖父（そうそふ）、祖父の頃から付き合いのあるお茶屋さんに、いつも商品を納品しに行くと、必ず先代の社長さんに「ちょっとお前、こっち座りよし」なんて茶室に招かれ、お茶を飲みながら「お前んとこのはこうやから、こういうところに気いつけなさい」なんて、昔からのうちの仕事に関する話をずっと聞かされたそうです。

でも、それによって自分たちの歴史や起源を客観的に教えてもらえて、とても役に立ったといいます。


また、京都のご近所さんや町の方々でいうと、あまりに突飛なことをしていると、やりすぎていることを暗に伝えるために、「八木さん、最近、えらい、頑張ってはるなぁ」「先代のときはこうやったなぁ」などと、忠告してくださったりもします。

反対に、時代にも合わせながら、守るべき価値を大事にしてモノを届け続けていると、「相変わらずにやってはるね」と褒めてくださったりもします。

こうした声からも、私たちの反復横跳びがちゃんと微振動の進化となっているか、それとも培ってきた価値を損ねる劇的な変化になっていないかを計ることができるわけです。

さらにいえば、やはり先輩・仲間の存在も大きいものがあります。

第1章でも「GO ON」のことには触れましたが、大枠では同じ工芸というジャンルにありながら、扱うものは茶筒であり、木工芸であり、焼き物であり……と異なります。だからこそ、工芸をこれからの時代に広げていくにはどうしたらいいのか、一緒に考えていくこともできますし、別のモノづくりを参考にして視野が狭くならないように、客観的に自分たちに生かすこともできます。

頑張ってはきているけど、目を背けていたようなことを「今の八木くんではダメだと思う」などと、バッサリと言ってもらって目が覚めたこともありました。

そして、最後にはやはり家族でしょう。

うちの場合は、親父や母親はもちろんですが、妻や子どもたちにも相談しています。家族に仕事のことを相談しても仕方ないのではないか……。多くの人はそう思っているでしょう。でも、僕はまったくそうは思いません。親密であればあるほど、こちらの性格もよくわかっていますから、相談する相手としては適切だと思います。

それに、特に家族経営という観点から見れば、利害が一致しています。

それでいて、取引先の方や部下ではないという意味では、遠慮のいるような利害関係はまったく発生していない。だからこそ忌憚（きたん）のない意見も言ってくれるのです。

特に、僕の妻は芸大出身なので、職人の世界だけでなく、アートの素養もあります。そんな視点から思いっきり、「あんまりよくないと思う」などと言われたりすると気づかされることがある。もちろん、一瞬「なんでなんだ！」と思うこともありますが、冷静になってみると、指摘されたことは、「たしかに、そこは自分でもなんとなく引っ掛かっていた」ということが往々にしてあるのです。

また、高校生の娘は、当然まだ専門性はありませんが、思ったことをハッキリ言う点は、妻以上に辛辣（しんらつ）なものがあります。

「こんな黒いのん、悪魔の使うモノみたいで、怖い！」

10代の感覚からそう言われたことで、サンプル品を商品化するのを思いとどまり、もう一度吟味し直せたこともあったのです。

このように、信頼できる周りのいろいろな人への相談と、それによって得られる忠告や助言は、自分が踏み外さないための一種のセーフティネットになってくれます。

誰か特定の人だけを頼るのではなく、いろいろな方面から話を聞く。

開化堂は現在さまざまな商品を出していますが、新しい商品も含めてうまくいっているのは、いろいろな人の思いや反応も見ながら、随時微調整を加えて、ラインナップを強化しているからです。そうして気づいてみれば、少しずつ変わりながらも、「相変わらずやれている工房」になっている。

多様な意見を聞いていれば、即断即決はできませんが、長くやっていくにはそんなゆるやかな変化でいいのだと思います。

モノづくりが「伝統」になるために必要なこと

ゆっくりと繁栄していくという意味では、あえて急がずに熟成させる、という考え方もあっていいと思います。

というのも、先日、ヨーロッパのとある車メーカーさんでお話を伺ったときのことです。

その会社さんでは、デザイナーとエンジニアの間でやりとりをしながら、熟成させて車をつくり上げていくというのです。

なんでも、そこで生まれた技術は、出来上がってすぐ使うのではなく、わざと寝かして10年後に使われることも多々あるのだとか。

スピードが求められる現代だからこそ、あえてその反対のやり方も取り入れ始めているのかもしれません。スピーディーな処理に重きを置いてきた結果、商品の中に本質的な価値をうまく内包しきれずに進んできてしまった、という反省もあったのかもしれません。

でも、そうやって本当に吟味して発売された車こそ、後世、名車と呼ばれるだけの品や格を備えるのではないかと思うのです。


また、品や格という意味では、ブランド物の商品も思いつきやすいところでしょう。

近年は、ブランディングという名のもとに、商品そのものの質以上に、価値があると感じさせて値段をつけるような方法論が語られることも増えました。

しかし、本物のブランド物として歴史を重ねてきた企業さんというのは、そうしたお客様にある種の嘘をついて、価格帯を上げるようなことはしていません。

たとえば、ブランド物の代表格の一つともいえるエルメスさんであれば、使っている革は、最高級によいものです。

実際、エルメスさんで使われている革のなめし（革をやわらかくする作業）をしているフランスでも指折りの職人さんにお話を伺った際には、革の質のよさとエルメスさんに自分たちがなめした革を使ってもらえることの誇りについて、お聞きしたものでした。

つまり、それだけのブランドであるということは、素材になる革の質だったり、なめしの技術だったりに、しっかり投資をしていて、それが値段に反映されているということ。

手間暇をかけているからこその価値と値段なのです。


もちろん、スピードを争う企業さんがたくさんあることが、一概に悪いというのではありません。しかし、すべての企業が横にならうように、スピードを追う戦い方をする必要はないのではないでしょうか？

ましてや、長くゆっくりと続く繁栄を目指すのであれば、なおさらです。

不完全でもいいから急いで出すことが持て囃された近年ではありますが、残念ながら、往々にしてそうした商品や技術はメッキがはがれやすく、廃れるのも早いものです。

だからこそ、本当に自分たちの腑に落ち、納得できる技術を深化させてから、世に出す企業さんがもっとあってもいいのではないかと思うのです。


少なくとも、手間暇を惜しまず、面倒くさいことを怠らず、時間や費用を十分にかけ、何かに昇華させられるまで技術や商品を熟成させたときというのは、そこで働く人たち自身にとって、やりきったと言えるだけの仕事ができているのだと思います。

そのやりきったモノづくりが、お客様の心を打ち、最初は静かでも着実に選ばれるモノになっていく。そして、そのやりきったモノづくりを連続していくことではじめて、「単なるモノづくり」だったものが「伝統」への階段を上っていくのではないでしょうか。


いいものをつくろう、いい結果を出そう、いいパフォーマンスをしようと思ったら、当たり前ですが、それだけの労力が必要になります。面倒くさいことを抜きにして、人から長く認められるような結果は、手に入れられないのです。

昨今、大きな企業さんでも過去の遺産をもとにブランディングをして物語化していることが多くありますが、これからの遺産になるようなものを手間暇かけて今つくらなければ、いつかは過去の遺産を食いつぶして、その企業のブランド力も伝統もなくなってしまうでしょう。

そうなる前に、私たちは、改めてモノをつくるということについて、よく認識する必要があるのではないかと思います。

どんな世の中になっても歩みを続けていくために

私たち開化堂が創業してから約150年――。

その間には、大きな戦争がいくつもあり、大恐慌やバブルの好景気もあり、オイルショックなどの資源不足もありました。

実際、僕の曾祖父の代には、第二次世界大戦中の金属類回収令によって、茶筒の原料や茶筒をつくるための道具まで供出を求められました。それでも曾祖父は茶筒づくりを守ろうと、細々と作業を続け、そのことで捕まったこともあったと聞いています。

もちろん、当時の人たちも、そういったような大事件が起こるわずか前まで、まさか世の中が一変してしまうようなことが起こるとは思っていなかったでしょう。

でも、実際には起こった。

であるならば、それは未来においても、同様の恐れがあるのだと思います。


たとえば、石油由来のプラスチック。

軽くて加工がしやすく、この何十年か、人類の生活を支える素材として、とても重宝されてきました。

しかし、現在では、そのプラスチックはできるだけ使わないことが望ましいもののリストに入っていますよね。

それは他人事ではないのです。

もしかすると、いつの日にか、プラスチックと同様に、私たちが茶筒の原料としているブリキや銅、真鍮ができるだけ使ってはいけないものになるかもしれない。

はたまた、資源が枯渇して、新たには使えないものになっているかもしれない。

当たり前のように現在使っているものが、これから何十年、何百年という先まで永遠に使える保証などまったくないのです。

では、どうしたらいいのか。

その一つの模索の形が、第4章で少し触れた「リメイク缶」でした。今、世の中に転がっている材料を再利用することで茶筒をつくり出していく、ということです。

発端は、世の中で大量につくられた機械製の缶が捨て去られているのを目にしたときに、それを使って何かをつくってみようと思い、古い缶を集め始めたことからでした。

それをコロナ禍に入って海外での展示などが難しくなった時間を使いリメイクし、SNSで発表し始めたのです。

すると、世界中から反響がありました。

そして最近では、素材を金属の缶だけでなく、プラスチック製のモノにまで広げて、リメイクしています。

というのも、プラスチックだって、捨てなければ悪者ではない、と思ったからです。

可能性は、ほかにもたくさんあるように思います。

私たちは、これからも手づくりで茶筒を生み出し続け、100年以上先の世でも、茶筒を修理に持ってきてくださる方々のために、開化堂としての営みを続けていたい。

でも、もしかしたら何十年後には、いや数年後には、新しい茶筒はつくれなくなっているかもしれない。

そんな未来において、私たちには何ができるのか。

それは、すでにあるモノを使って、新しい缶としての命を吹き込むことなのかもしれないと思いました。


元来、私たちのモノづくりは、大量生産・大量消費とは対極にあるものです。

どんどんつくって、どんどん捨てて、というタイプのものではありません。

それが、時代遅れのように思われていた時期というのも、長く経験してきました。

しかし、これからは、きっとそうではありません。

だから、未来への可能性を伝えていくということで、このリメイク缶はこれから展示会などでどんどん発表していくつもりでいます。

まずは、コロナが一段落したタイミングにロンドンの展示会で見せてきました。そして予想以上のよいリアクションを得られました。この輪はどんどん広がっていくでしょう。

みなさんの会社や工房に置き換えたとき、もし社会のルールが変わって今までの商いが続けられないとしたら、どうされるでしょうか？

この視点は、これからの時代に、欠かせないものとなってくるでしょう。

僕としては、そのとき大切になることは、無理をして新しい道を切り拓くことでも、自然の摂理に逆らうことでもなく、持っている技術で「今の世の中に何ができるか」「未来にどう貢献をしていけるのか」を考えていくことなのだと思っています。

そんな分相応のやさしい発展を目指すことが、社会の一員としての責務を果たしながら、ゆっくりと長く続く工房、末永く繁栄していく商いとして、存在していくために必要なことなのではないかと考えています。

「根幹」と「枝葉」の狭間を行き来し続ける大切さ

この章では、長く商いを続けていくにあたり、何を変える必要があり、何を変えてはいけないのか、僕なりの考えを述べてきました。

すなわち、自分たちの本質である根幹の部分は安易に変えてはいけない。

でも、状況に応じて、枝葉の部分は変えていってもいい。

ただし、変える際の基準は、会社や工房にとっての「心地よさ」で、ということです。

茶筒が王道の時代であれば、根幹だけを守り続けるだけでよかったのかもしれません。

しかし、そうではない今の状況にあって、根幹だけに固執をしていても、新しく私たちの茶筒を使おうと思ってくれる次の世代は生まれてきません。

だから、ときには、茶筒とリンクする形で、同じ素材・製法のままに、別のラインナップをつくってみる。そういった商品たちを使ってもらえる場として、カフェもオープンしてみる。これまでは出会えなかったようなお客様に対しても、接点を増やしていく。
そうして、面白い枝葉を提供できれば、「今度は茶筒を使ってみようかな」と、私たちの根幹のところまで、新たなお客様がやってきてくれるようになるのだと思います。

ただ、その枝葉を広げすぎれば、根幹がないがしろになり、枝葉も枯れてしまいますから、常に枝葉の量が適正なのか、そのバランスを見続けることも忘れてはいけません。
「モノづくりが『伝統』になるために必要なこと」という項目でも述べましたが、結局、商いというものは、「自分たちの根幹のところで手間暇を惜しまない」というところに、最終的には戻ってくるのだと思います。

それが、この本の全編において、「自分たちの価値を見極める」「本当の家族のような輪を広げていく」「『お客様』を超えた人付き合いをしていく」——といったような形でお伝えをしてきた話に一貫して通ずることでした。

状況がどんどん変化し、流されやすい現代だからこそ、適応しながらも流されない確固たる自分たちをつくること。それこそがこれからますます必要になるのだと思います。

おわりに

僕が家業に戻ったのは、20年以上前のことです。

今、振り返ると、その頃の思いとしては「開化堂をやってみたい」、そして「その先に海外へとつながっていきたい」、というただそれだけだったのかもしれません。

やっていく中で、だんだんと自分の思いが形になっていき、それが結果となって現れてくることが楽しくて、ここまで進んできました。

だから、当時は「後を絶やしてはいけない」という強い思いはなく、自分は次の代へのバトンを渡すことができればそれでいい、というぐらいに思ってきたのです。

でも、ここ数年、本当の意味で六代目の役目というものを意識し出したように思います。

きっかけとなったのは、とある音楽家の方の番組に出演した際に言われた、「生まれたときから六代目」という一言からでした。

なぜだか、その言葉がふわふわと頭の中に残り続けたのです。

そしてたどり着いたのは、「六代目として僕が今までやってきたことは、開化堂をつくり上げることというより、開化堂を世に広めただけなのかもしれない」という思いでした。

このままだと、孫の世代になって、「おじいちゃん、なんやら開化堂を海外にも広めて、いい気になって車で遊んでばっかりいはったなぁ」なんて、言われかねないなぁと。

僕がこれまで六代目としてやってきたことは、初代からのモノづくりを財産として、その財産を使わせてもらいながら、国内外に知られるように広めていっていただけなのかもしれない、とハッとしたのです。


ならばこのあたりで、モノづくりということについての貯蓄をしていかなければいけない。そういう思いで、僕自身、少しずつ変わっていきました。

祖父の代に種を植えて芽が出始めた銅の茶筒は、今では刈り取れないくらいに伸びて、開化堂を支えてくれています。

さらに親父の代では、数をつくれることを意識し、真鍮の茶筒も生み出して、もっと開化堂の根を深くしてくれました。

だから、僕の代でもモノづくりの面で何かを残していかないといけない。

それが「自分自身だけではなく、ほかの職人さんや、次の代、またその次の代がつくり続けられるものを、今この時代につくり始めること」なのではないか、と。

それを六代目の役目として、これから歩んでいこうと思ったのです。

その結果が、茶筒から幅を少しずつ広げた商品のラインナップであり、世界の環境やルールが変わったとしても相変わらずにつくり続けられるリメイクでの茶筒づくりの試みへとつながっていきました。


１００年後、未来の開化堂はどうなっているんだろうか。

この20年はあっという間でした。

１００年はこの20年を5回積み重ねることですし、親父の50年、おじいちゃんの50年を足すと１００年。そう思うと遠い未来ではないと感じます。

であれば、次の１００年の荒波も、いい意味で変わらずに、いい意味で変わり続けることで、乗り越えていきたい。

たとえば、妄想での話になりますが、次の１００年の間には、人類が宇宙旅行をするようになって、地球の重力が恋しくなるかもしれない。

そんなときに、スーッと自分の重さで蓋が下がる開化堂の茶筒は、地球の重力を思い出すことができる土産物として重宝されているかもしれない。

妄想の中で楽しく準備しながら、今、そんなことを考えたりもしています。


今回の本では、「人と人がどう交わって、その結果どうお商売につながるのか？」という視点でお話ししてきました。

もっと、数字やお金に寄った話を期待されていた方には、申し訳ございません。

ただ、僕は、商いの本当の目的とは、「お金や数字を稼ぐこと」ではなく、人と人とのつながりの中で、「ほしいといってくださる方にモノを丁寧につくり、お渡しすること」にあると思っているのです。お金は、あくまでそのお代なのです。

ですから、なんとか僕なりに言葉を尽くして、「人と人とのつながりの中にある、簡単には言語化できないもの」（＝商いの主目的）を解き明かそう、ご説明しようと、ここまで筆を進めてきました。

こうした人と人のつながりというのは、決して一足飛びでは到達できないからこそ、私たち開化堂自身、手間暇をかけた毎日の積み重ねによって、これからもたしかな商いを100年先、200年先まで成り立たせていきたいと思います。

そしてこれからも、そんな開化堂を後押ししてもらえる家族のようなみなさまを、世界中につくっていくことができれば、うれしい次第です。

この本を最後までお読みいただき、ありがとうございました。

開化堂六代目　八木　隆裕

切りとり線

★読者のみなさまにお願い

この本をお読みになって、どんな感想をお持ちでしょうか。祥伝社のホームページから書評をお送りいただけたら、ありがたく存じます。今後の企画の参考にさせていただきます。また、次ページの原稿用紙を切り取り、左記編集部まで郵送していただいても結構です。

お寄せいただいた「100字書評」は、ご了解のうえ新聞・雑誌などを通じて紹介させていただくこともあります。採用の場合は、特製図書カードを差しあげます。

なお、ご記入いただいたお名前、ご住所、ご連絡先等は、書評紹介の事前了解、謝礼のお届け以外の目的で利用することはありません。また、それらの情報を6カ月を超えて保管することもありません。

〒101―8701（お手紙は郵便番号だけで届きます）
祥伝社　書籍出版部　編集長　栗原和子
電話03（3265）1084
祥伝社ブックレビュー　www.shodensha.co.jp/bookreview

◎本書の購買動機

＿＿＿＿新聞の広告を見て	＿＿＿＿誌の広告を見て	＿＿＿＿の書評を見て	＿＿＿＿のWebを見て	書店で見かけて	知人のすすめで

◎今後、新刊情報等のパソコンメール配信を　　希望する　・　しない

◎Eメールアドレス

@

１００字書評

共感と商い

住所

名前

年齢

職業